普通高等教育"十二五"应用型本科规划教材

数据库理论与应用

臧文科 乔 鸿 许文杰 编著

西安交通大学出版社
XI'AN JIAOTONG UNIVERSITY PRESS

内容简介

　　数据库系统是进行软件开发不可或缺的数据存储软件,主流软件的开发都离不开数据库的支撑。本书系统全面地阐述了数据库系统的基础理论、基本技术和基本应用。全书分为10章,主要讲解了数据库基本知识,关系数据库理论,SQL语言,数据库保护的概念和方法,数据库的设计方法与技术,Oracle数据库和SQL Server数据库及其使用。针对时下流行的ASP.NET开发,从Web开发角度做了重点阐述,希望能够从中获得对Web数据库开发的基本认识。讲解条理清楚,内容深浅适中。

　　本书讲解详尽,内容的取舍和安排循序渐进,通俗易懂,实例丰富,并注重培养解决实际问题的能力。本书可以作为各高等学校计算机及相关专业学习数据库课程的教材,也可作为广大计算机爱好者的自学用书。

图书在版编目(CIP)数据

数据库理论与应用/臧文科编著. —西安:西安
交通大学出版社,2015.8
ISBN 978-7-5605-7657-2

Ⅰ. ①数… Ⅱ. ①臧… Ⅲ. ①数据库系统
Ⅳ. ①TP311.13

中国版本图书馆 CIP 数据核字(2015)第 162805 号

书　　名	数据库理论与应用	
编　　著	臧文科　乔　鸿　许文杰	
责任编辑	毛　帆　曹　昳	
出版发行	西安交通大学出版社	
	(西安市兴庆南路 10 号　邮政编码 710049)	
网　　址	http://www.xjtupress.com	
电　　话	(029)82668357　82667874(发行中心)	
	(029)82668315(总编办)	
传　　真	(029)82668280	
印　　刷	虎彩印艺股份有限公司	
开　　本	787mm×1092mm　1/16　印张 12.75　字数 303 千字	
版次印次	2015 年 10 月第 1 版　2015 年 10 月第 1 次印刷	
书　　号	ISBN 978-7-5605-7657-2/TP・677	
定　　价	31.00 元	

读者购书、书店添货、如发现印装质量问题,请与本社发行中心联系、调换。
订购热线:(029)82665248　(029)8266524
投稿热线:(029)82669097　QQ:8377981
读者信箱:lg_book@163.com

数 据 库 理 论 与 应 用 前言
FOREWORD

数据库是现代化数据管理的最重要、最广泛、最先进的技术,是计算机科学的重要分支。本书为计算机及相关的众多学科提供了利用计算机技术进行数据管理的基本理论知识,是计算机科学与技术、软件工程及其相关专业学科的专业必修课。

本书主要介绍数据库的基本理论和数据库管理系统的基本应用技术。全书共 10 章。第 1 章数据库概论,主要介绍数据库的产生与发展,包括数据库、数据库管理系统和数据库系统的基本概念,数据模型与数据库体系结构等内容。第 2 章关系数据库,主要介绍关系数据模型、关系模型的完整性规则、关系代数的基本运算等。第 3 章关系数据理论,主要介绍实体类型的属性关系、数据的函数依赖、关系数据库模型的规范化理论、关系模式的分解算法等。第 4 章 SQL 语言,主要介绍标准 SQL 概述,SQL 的数据定义、数据查询、数据更新等。第 5 章数据库保护,主要介绍数据库的安全性、完整性、并发控制、备份与恢复等。第 6 章数据库设计,包括数据库设计概述、需求分析、概念结构设计、逻辑结构设计、物理结构设计、数据库的实施和维护。第 7 章和第 8 章介绍了 Oracle 数据库和 SQL Server 数据库管理系统的基本操作。第 9 章数据库编程,主要介绍了存储过程、触发器、事务等。第 10 章中结合了 SQL Server 和 ASP. NET 应用的开发过程,阐述了数据库在开发过程中的应用。

参加本书编写的人员还有任丽艳、毕雪、毕莹、孙佃良、马凤芳、李丽君等,他们也认真地校对了书中的内容;在试用过程中,许多老师和读者也对本书的编写提出了许多宝贵建议和修改意见,在此表示感谢。由于时间仓促,加之编者水平有限,书中疏漏和不当之处难免,恳请读者批评指正。

编 者
2015 年 9 月

数据库理论与应用 **目录**
CONTENTS

第1章 数据库概论

第2章 关系数据库

第 3 章 关系数据理论

第 4 章 SQL 语言

第 5 章　数据库保护

第 6 章　数据库设计

第 7 章 Oracle 数据库

第 8 章　SQL Server 数据库

第 9 章　数据库编程

第 10 章 数据库应用

第1章 数据库概论

1.1 基础概念

1.1.1 发展历史

在信息化高速发展的今天,数据库对于每个人来说都是生活中不可缺少的一部分。许多信息系统都是以数据库为基础建立起来的,数据库本身存在的重要性和应用的广泛性决定了其在数字化的今天的地位。数据库技术是研究数据库的结构、存储、设计、管理和使用的一门软件学科,是信息化社会的重要基础技术之一,是计算机科学领域中发展最为迅速的一个重要分支。它是计算机信息系统与应用系统的核心技术和重要基础,是人们存储数据、管理信息和共享资源的最常用、最先进的技术,在科学、技术、经济、文化和军事等各个领域都发挥着重要的作用。

20世纪50年代,美国为了战争的需要,把各种情报集中存储在计算机中,被称为Database,数据库这个概念由此诞生。

20世纪60年代末,为解决多用户、多应用共享数据的需求,使数据为尽可能多地应用服务,数据库技术作为数据处理的一种新手段迅速发展起来。

20世纪70年代和80年代是数据库蓬勃发展的时期,在这一时期,出现了一些层次模型数据库系统和网状模型数据库系统,围绕关系数据模型的大量研究和开发工作也使关系数据库理论和关系模型数据库系统日益完善。后来关系模型数据库系统凭借自身优越性,逐渐取代网状数据库系统和层次模型数据库系统。至今,关系模型数据库系统仍具有重要地位。

20世纪90年代,关系模型数据库技术又有了进一步的发展。数据库技术与面向对象技术、网络技术相互渗透,产生了面向对象的数据库和网络数据库。

21世纪以来,面向对象数据库和网络数据库技术逐渐成熟并得到了广泛的应用。

数据库从出现到现在仅仅几十年的时间,就已经形成了坚实的理论基础,成熟的商业产品和广泛的应用领域,它的诞生和发展给计算机信息管理带来了一场巨大的革命。数据库系统的出现使信息系统从以加工数据的程序为中心转向围绕共享的数据为中心的新阶段。

1.1.2 基本概念

1.信息(information)

信息泛指以各种方式传播的、可被感知的数字、文字、图像、声音等符号所表征的某一事物的消息、情报和知识,它是观念性的东西,是人们头脑对现实世界的抽象反映。

2. 数据（data）

数据，实际上就是描述事物的符号记录，通常指用符号记录下来的、可以识别的信息。数据是所有计算机系统所要处理的对象，是数据库中存储的基本对象。

数字是最简单的一种数据，但数据不仅仅包括数字，数据有多种形式，如文字、符号、图形、图像以及声音等，它们都可以经过数字化存入计算机。例如，当用书号、书名、单价、作者、出版社来描述一本书时（000001，数据库理论与应用，49.00 元，张刚，中国人民大学出版社），这些描述就是这本书的数据，我们可以从这一数据的含义中得到这本书的有关信息。

数据有一定的格式，这些格式的规定就是数据的语法，而数据的含义就是数据的语义。通过解释、推理、归纳、分析和综合等，从数据中所获得的有意义的内容称为信息。

信息与数据之间存在着固有的联系：数据是信息的符号表示或载体；信息则是数据的内涵，是对数据语义的解释。例如在"一个和尚挑水喝，两个和尚抬水喝，三个和尚没水喝"这句谚语中，一个和尚、两个和尚和三个和尚是数据；一个和尚挑水喝，两个和尚抬水喝，三个和尚没水喝是信息。

3. 数据库（DataBase，简称 DB）

数据库是长期存储在计算机内、有组织的、统一管理的相关数据的集合。简单来说，数据库就是存放数据的仓库。数据库能为各种用户共享，具有冗余度小、数据间联系紧密和数据独立性高等特点。例如，图书馆可能同时有描述图书的数据（图书编号，书名，作者，单价，出版社，出版日期）和图书借阅数据（图书编号，书名，单价，借阅者，借阅天数），两者中图书编号、书名、单价是冗余数据。在构造数据库时，由于数据可共享，只保存一套数据就可以，从而消除数据冗余。

4. 数据库管理系统（DataBase Management System，简称 DBMS）

数据库管理系统是一种系统软件，负责数据库中的数据组织、数据操纵、数据维护、控制及保护和数据服务等，是数据库的核心。它对数据库进行统一的管理和控制，以保证数据库的安全性和完整性。用户通过 DBMS 访问数据库中的数据，数据库管理员也通过 DBMS 进行数据库的维护工作，它可以使多个应用程序和用户用不同的方法在同一时刻或不同时刻去建立、修改和访问数据库。它的功能我们将在以后章节中作更加详细的描述。

数据库管理系统是数据库系统的一个重要组成部分，在一个数据库管理系统中可以有多个数据库。

5. 关系型数据库管理系统（Relational DataBase Management System，简称 RDBMS）

在数据库管理系统的基础上增加关系即为关系型数据库管理系统，它通过数据、关系和由对数据库的约束组成的数据模型来存放和管理数据。

6. 数据库系统（DataBase System，简称 DBS）

数据库系统是由数据库及其管理软件组成的系统。它是为适应数据处理的需要而发展起来的一种较为理想的数据处理的核心机构。它是一个实际可运行的集存储、维护和为应用系统提供数据功能为一体的软件系统，是存储介质、处理对象和管理系统的集合体。

数据库系统通常由软件、数据库和数据管理员组成。其软件主要包括操作系统、各种宿主语言、实用程序以及数据库管理系统。

数据库系统的目标是解决数据冗余问题，实现数据独立性，实现数据共享并解决由于数据共享而带来的数据完整性、安全性及并发控制等一系列问题。为实现这一目标,数据库的运行必须有一个软件系统来控制,这个系统软件即上面提到的数据库管理系统 DBMS,因此我们说数据库管理系统是数据库系统的重要组成部分。

数据库系统可以用图 1.1 表示。

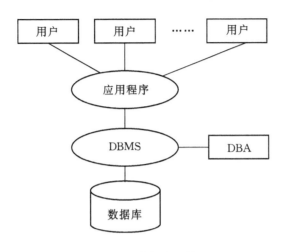

图 1.1　数据库系统

1.1.3　数据管理技术的发展

随着计算机技术的发展,特别是在计算机软件、硬件与网络技术发展的前提下,人们的数据处理要求不断提高,对数据处理速度及规模的需求远远超出了过去人工或机械方式的能力范围,在此情况下,数据管理技术也不断改进。数据管理具体就是指人们对数据进行收集、组织、存储、加工、传播和利用的一系列活动的总和,经历了人工管理、文件管理、数据库管理三个阶段,每个阶段的发展以数据存储冗余不断减小、数据独立性不断增强、数据操作更加方便和简单为标志,各有各的特点。

1. 人工管理阶段

20 世纪 50 年代中期以前,计算机主要用于科学计算。硬件方面,计算机的外存只有磁带、卡片、纸带,没有磁盘等直接存取的存储设备,存储量非常小;软件方面,没有操作系统,没有高级语言,数据处理的方式是批处理,即机器一次处理一批数据,直到运算完成为止,然后才能进行另外一批数据的处理,中间不能被打断。原因是此时的外存如磁带、卡片等只能顺序输入。

人工管理阶段的数据具有以下的几个特点:

①数据不保存。

②数据不具有独立性。

③数据不共享。数据是面向应用程序的,一组数据对应一个程序。不同应用的数据之间是相互独立、彼此无关的,即使两个不同应用涉及到相同的数据,也必须各自定义,无法相互利用,互相参照,因此程序与程序之间有大量的冗余数据。如图 1.2 所示。

④由应用程序管理数据。数据没有专门的软件进行管理,需要应用程序自己进行管理,

图 1.2　两个应用程序各自使用同一数据

应用程序中要规定数据的逻辑结构并设计物理结构(包括存储结构、存取方法、输入/输出方式等)。

2. 文件系统阶段

20 世纪 50 年代后期到 60 年代中期,数据管理发展到文件系统阶段。此时的计算机不仅用于科学计算,还大量用于管理。外存储器有了磁盘等直接存取的存储设备;在软件方面,操作系统中已有了专门的管理数据软件,称为文件系统。从处理方式上讲,不仅能够进行文件批处理,而且能够联机实时处理,联机实时处理是指在需要的时候随时从存储设备中查询、修改或更新,因为操作系统的文件管理功能提供了这种可能。

文件系统阶段如图 1.3 所示。

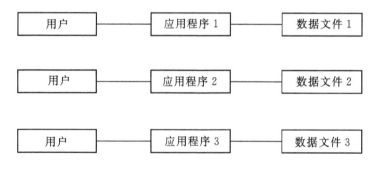

图 1.3　文件系统阶段

文件系统阶段具有以下几个特点:

①数据长期保存。

②程序和数据具有一定的独立性,程序和数据分开存储。比如要保存数据时,只需给出保存指令,而不用程序员精心设计一套程序,控制计算机物理地实现保存数据。在读取数据时,只要给出文件名,而不必知道文件的具体的存放地址。文件的逻辑结构和物理存储结构由系统进行转换,程序与数据有了一定的独立性。数据的改变不一定要引起程序的改变,例如保存的文件中有 10 条记录,使用某一个查询程序;当文件中有 10000 条记录时,仍然使用保留的这一个查询程序。

③可以实时处理。由于有了直接存取设备,也有了索引文件、链接存取文件、直接存取文件等,所以既可以采用顺序批处理,也可以采用实时处理方式。

虽然较人工管理阶段有了很大的改进,但文件系统仍存在许多问题:数据和程序缺乏足够的独立性;当不同的应用程序所需的数据有部分相同时,仍需建立各自的独立数据文件,而不能共享相同的数据。因此,数据冗余大,空间浪费严重,而且相同的数据重复存放,各自管理,当相同部分的数据需要修改时比较麻烦,稍有不慎,就造成数据的不一致。例如,学籍管理需要建立包括学生的姓名、班级、学号等数据的文件。这种逻辑结构和学生成绩管理所需的数据结构是不同的。在学生成绩管理系统中,进行学生成绩排列和统计,程序需要建立自己的文件,除了成绩等数据外,还要有姓名、班级等与学籍管理系统的数据文件相同的数据,数据冗余是显而易见的。此外当有学生转学走或转来时,两个文件都要修改,否则,就会出现有某个学生的成绩,却没有该学生的学籍的情况,反之亦然。如果系统庞大,则会牵一发而动全身,一个微小的变动将引起一连串的变动,利用计算机管理的规模越大,问题就越多。

文件管理系统存在的问题严重阻碍了数据处理技术的发展,但正是这些问题的存在,使得人们对数据管理技术展开了更加深入的研究,进而使数据处理逐渐进入了数据库系统阶段。

3. 数据库系统阶段

从 20 世纪 60 年代后期开始,数据管理进入数据库系统阶段。这一时期计算机管理的规模日益庞大,应用越来越广泛,数据量急剧增长,数据共享的需求越来越迫切。这一时期的计算机有了大容量磁盘,计算能力也非常强。硬件价格下降,编制软件和维护软件的费用相对增加。联机实时处理的要求更多,并开始提出和考虑并行处理。在这样的背景下,数据管理技术进入数据库系统阶段。

数据库系统阶段如图 1.4 所示。

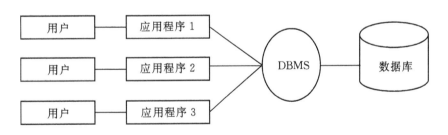

图 1.4 数据库系统阶段

数据库系统阶段具有以下几个特点:

①实现数据共享,减少数据冗余;

②采用特定的数据模型;

③具有较高的数据独立性;

④有统一的数据控制功能以及安全性、完整性控制。

1.2 数据描述

在计算机进行数据处理过程中,数据的表示要经历 3 个阶段:现实世界、信息世界和计算机世界的数据描述。

1.2.1 三种设计

如何将现实中"看得见"、"摸得着"的事物变成计算机能够处理的数据,这中间需要一个复杂的转换过程。比如,如何认识、理解、整理、描述和加工现实生活中的这些事物。从数据转化的顺序来说,数据从现实世界进入到数据库需要经历 3 个阶段:现实世界阶段、信息世界阶段和机器(计算机)世界阶段。

现实世界是指客观存在的世界中的事实及其联系。在这阶段要对现实世界的信息进行收集、分类,并抽象成信息世界的描述形式,然后再将其描述转换成计算机世界中的数据描述。

信息世界是现实世界在人们头脑中的反映,是对客观事物及其联系的一种抽象描述。为了正确直观的反映客观事物及其联系,有必要对所研究的信息世界建立一个抽象的模型,称之为概念模型,它是对现实世界的第一层抽象。目前流行的一种概念模型是实体联系模型(后面会详细介绍),它用实体联系图来描述。在数据库设计中,这一阶段又称为概念设计阶段。

计算机世界是信息世界中信息的数据化,即将信息用字符和数值表示,便于计算机识别和处理。在计算机世界中,用逻辑模型来描述现实世界,它是对现实世界的第二层抽象。这一阶段的数据处理在数据库的设计过程中也称为逻辑设计。

计算机世界和信息世界相关术语的对应关系如表 1.1 所示。

表 1.1　计算机世界和信息世界相关术语的对应关系

信息世界	计算机世界
实体	记录
属性	字段
实体集	文件
实体标识符	关键字

下面我们从三个方面介绍数据库中的数据描述:概念设计中的数据描述、逻辑设计中的数据描述、物理数据描述。

1. 概念设计中的数据描述

数据库中概念设计阶段需要根据用户需求设计数据库,设计人员和用户共同参与,要求数据描述简单且易于理解。概念设计中主要术语如下:

(1)实体。现实世界中客观存在并可相互区分的事物叫做实体。一个实体对应了现实世界中的一个事物。实体可以是一个具体的人或物,如一名学生、一朵花等;也可以是抽象的事件或概念,如购买一本图书等。

(2)属性。客观存在的不同事物,具有不同的特性。从客观世界抽象出的不同实体,也具有各自不同的特性。实体的某一特性称为属性,如学生实体有学号、姓名、年龄、性别、系等方面的属性。属性有"型"和"值"之分,"型"即为属性名,如姓名、年龄、性别是属性的型;"值"即为属性的具体内容(如 990001,张三,21,男,信管),这些属性值的集合表示了一个学生实体。

（3）实体型。若干个属性型组成的集合可以表示一个实体的类型，简称实体型。如学生（学号，姓名，年龄，性别，系）就是一个实体型。

（4）实体集。同型实体的集合称为实体集。如所有的学生、所有的课程等。

（5）码。能唯一标识一个实体的属性或属性集称为实体的码，如学生的学号。学生的姓名可能有重名，不能作为学生实体的码。

（6）域。属性值的取值范围称为该属性的域。例如学号的域为 6 位整数，姓名的域为字符串集合，性别的域为（男，女）。

（7）联系。在现实世界中，事物内部以及事物之间是有联系的，这些联系同样也要抽象和反映到信息世界中来。在信息世界中将被抽象为实体型内部的联系和实体型之间的联系。

2. 逻辑设计中的数据描述

数据库的逻辑设计是根据概念设计所得的概念模型来设计数据库的逻辑结构，也就是 DBMS 所支持的数据结构。逻辑设计中主要术语如下：

（1）字段：标识实体属性的命名单位称为字段，字段名往往和属性同名。

（2）记录：字段的有序集合称为记录。通常用一个记录描述一个实体。

（3）文件：同一类记录的集合称为文件。文件用来描述实体集。

（4）关键字：能唯一表示文件中每个记录的字段或字段集，称为记录的关键字。

（5）记录型：对应实体型。

概念设计与逻辑设计中术语对应关系如表 1.2 所示。

表 1.2　概念设计与逻辑设计中术语对应关系

概念设计	实体	实体集	实体型	属性	实体标识符
逻辑设计	记录	文件	记录型	字段（域、数据项）	关键字（键、码）

3. 物理数据描述

在上一节中我们提到的字段、记录、文件等都是数据的重要单位，称为逻辑数据。它们之间的关系可以形象的表述为：数据库是数据文件的集合，数据文件是记录的集合，记录是字段的集合。当把它们存储到计算机的存储介质上时，就称为物理数据。

计算机存储介质是计算机存储器中用于存储某种不连续物理量的媒体。简单地说，存储介质是指存储数据的载体。存储器是计算机系统中的记忆设备，它的主要功能是存储程序和各种数据，并能在计算机运行过程中高速自动地完成程序或数据的存取。

存储器根据不同的分类标准（例如按照存取方式不同，存取介质不同等）可以分为不同类型。根据存储器在计算机系统中所起的作用划分，计算机系统中存储层次可分为高速缓冲存储器、主存储器、辅助存储器三级。

高速缓冲存储器位于主存储器与 CPU 之间，用来改善主存储器与 CPU 的速度匹配问题。特点是存储量较小，价格较高，但存储速度快。

主存储器即内存，用来保存当前正在执行的程序和数据，可以被 CPU 直接随机地进行读写访问，但这些程序和数据仅用于暂时存放，断电就会导致信息丢失。主存具有一定容量,存取速度较快。主存的性能很大程度影响计算机的性能。

辅助存储器即外存(例如硬盘、光盘等),一般用于存放当前暂不参与运行的程序和数据。外存容量大,能长期保存信息,但存取速度慢。

计算机系统中的存储介质按照访问速度排序如下:

高速缓冲存储器＞主存储器＞辅助存储器

需要注意的一点是,为了解决对存储器要求容量大,速度快,成本低三者之间的矛盾,目前通常使用多级存储器体系结构,即使用高速缓冲存储器、主存储器和辅助存储器。

存储器中常用的数据描述术语如下:

(1)位(bit):存放一个二进制数位的存储单元,是存储器最小的存储单位。一位只能取0或1两个状态之一。

(2)字节(byte):8位称为一个字节。

(3)字(word):若干个字节组成一个字。一个字所含的二进制位的位数称为字长,各种计算机字长不同,有8位、16位、32位等。

(4)块(block):块又称为物理块或物理记录,它是内存与外存交换信息的最小单位。每块常包含若干个逻辑记录。

(5)桶(bucket):桶是外存的逻辑单位,一桶可以包含一个物理块或多个空间上不一定连续的物理块。

(6)卷(volume):一个输入/输出设备所能装载的全部有用信息,称为卷。

1.2.2 数据联系

联系(Relationship):数据对象彼此之间相互连接的方式称为联系,也称为关系。

二元联系即只有两个实体型参与的联系,可分为三种类型。下面我们通过例子来认识这三种类型,通过这些例子,可以自己总结出这三种类型的定义。

1.一对一联系 (1∶1)

例如,一个部门有一个经理,而每个经理只在一个部门任职,则部门和经理这两个实体的联系是一对一的;一个人只能拥有一张有效的身份证,一张身份证也只对应一个法律意义上的人,个人和身份证这两个实体的联系是一对一的;一个班级有一位班长,一个班长只能在一个班级任职,班级和班长这两个实体的联系是一对一的。

从上面的例子,我们可以得出结论:如果对于实体集 A 中的每一个实体,实体集 B 中至多有一个实体与之联系,反之亦然,那么实体集 A 与实体集 B 具有一对一联系(1∶1)。

2.一对多联系 (1∶n)

例如,一个班级有多个班干部,一个班干部只能在一个班级任职,班级和班干部这两个实体的联系是一对多的;一个班级有多名学生,一名学生只能在一个班级中,班级和学生这两个实体的联系是一对多的;一种商品类别包含多种商品,一种商品只属于一个商品类别,商品类别和商品这两个实体的联系是一对多的。

需要注意的一点是,1 和 n 的位置不可写反。

从上面的例子,我们可以得出结论:如果对于实体集 A 中的每一个实体,实体集 B 中有 $n(n \geqslant =0)$ 个实体与之联系,对于实体集 B 中的每一个实体,实体集 A 中至多有一个实体与之联系,那么实体集 A 与实体集 B 具有一对多联系(1∶n)。

3.多对多联系(m∶n)

例如,一个出版社可以出版多种书,每一种书可以由多个出版社出版,出版社和书这两个实体的联系是多对多的;一个学生可以选修多门课,一门课可以有多个学生选修,学生和课程这两个实体之间的联系是多对多的。

从上面的例子,我们可以得出结论:如果对于实体集 A 中的每一个实体,实体集 B 中有n(n>=0)个实体与之联系,对于实体集 B 中的每一个实体,实体集 A 中有 m(m>=0)个实体与之联系,那么实体集 A 与实体集 B 具有多对多联系(m∶n)。

二元联系的三种情况示例如图1.5所示。

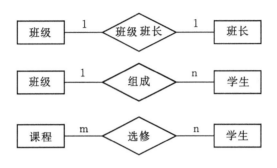

图1.5 二元联系示例

多元联系即参与联系的实体型大于2个时的联系,也分为(1∶1、1∶n、m∶n)3种,下面我们仅举出其中一种,其余两种希望读者参考二元联系自主学习。

例如有三个实体型:顾客、商店、商品,一个顾客可以去多家商店购买多种商品,每个商店会有多位顾客购买商品,每件商品会有多个顾客购买,三者是多对多联系。这三个实体型之间的联系如图1.6所示。

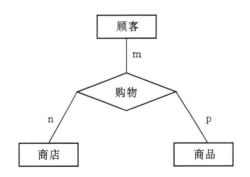

图1.6 多元联系(三个实体型之间)示例

一元联系又称自反联系,即同一实体集内两部分实体之间的联系。也分为(1∶1、1∶n、m∶n)3种。下面我们仅举出其中一种,其余两种希望读者参考二元联系自主学习。

例如零件实体集中,一个零件可以由若干子零件组成,一个零件又可以是其他零件的子零件,零件的组合关系可以用 m∶n 表示,如图1.7所示。

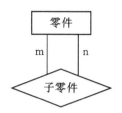

图 1.7 一元联系示例

1.3 数据模型

1.3.1 模型概念

数据库是某个企业、组织或部门涉及的数据的一个综合,它不仅要反映数据本身的内容,而且要反映数据间的联系。由于计算机不可能直接处理现实世界中的具体事物,因此人们必须事先把具体事物转换成计算机能够处理的数据,即首先要数字化,要把现实世界中的人、事、物和概念用数据模型这个工具来抽象、表示和加工处理。

数据模型是数据库中用来对现实世界进行抽象的工具,是数据库中用于提供信息表示和操作手段的形式构架,是现实世界的一种抽象模型。数据模型是数据库系统的核心和基础。

(1)数据模型应满足三方面要求:

①能比较真实的模拟现实世界;

②容易被人们理解;

③便于在计算机中实现。

大家需要注意的一点是,一种数据模型要很好地满足这三方面的要求,目前尚很困难。

(2)数据模型通常由三部分组成,分别是数据结构、数据操作和数据完整性的约束条件,这三部分也被称为数据模型的三大要素。

①数据结构。数据结构是所研究的对象类型(object type)的集合。这些对象和对象类型是数据库的组成成分。一般可分为两类:一类是与数据类型、内容和其他性质有关的对象;一类是与数据之间的联系有关的对象。

②数据操作。数据操作是指对各种对象类型的实例(或值)所允许执行的操作的集合,包括操作及有关的操作规则。在数据库中,主要的操作有检索和更新(包括插入、删除、修改)两大类。数据模型定义了这些操作的定义、语法(即使用这些操作时所用的语言)。数据结构是对系统静态特性的描述,而数据操作是对系统动态特性的描述。两者既有联系,又有区别。

③数据完整性的约束条件。数据的约束条件是完整性规则的集合。完整性规则是指在给定的数据模型中,数据及其联系所具有的制约条件和依存条件,用以限制符合数据模型的数据库的状态以及状态的变化,确保数据的正确性、有效性和一致性。

(3)数据模型按不同的应用层次分为三种类型,分别是概念数据模型(Conceptual Data Model)、逻辑数据模型(Logic Data Model)和物理数据模型(Physical Data Model)。

①概念数据模型又称概念模型或信息模型,是一种面向客观世界、面向用户的模型,与

具体的数据库管理系统无关,与具体的计算机平台无关。它是按用户的观点来对数据和信息建模,主要用于数据库设计,概念模型是从现实世界到机器世界的一个中间层次。

②逻辑数据模型又称逻辑模型,是一种面向数据库系统的模型,它是概念模型到计算机之间的中间层次。概念模型只有在转换成逻辑模型之后才能在数据库中得以表示。逻辑模型包括层次模型、网状模型、关系模型、面向对象模型等,主要用于 DBMS 的实现。

③物理数据模型又称物理模型,它是对数据最低层的抽象,它是一种面向计算机物理表示的模型,此模型是数据模型在计算机上的物理结构表示。

1.3.2 结构模型

结构模型包括层次模型、网状模型、关系模型、面向对象模型等,这几种数据模型的根本区别在于数据结构不同,即数据之间联系的表示方式不同。

层次模型是数据库系统中最早出现的数据模型,它用"树结构"来表示数据之间的联系;网状模型是用"图结构"来表示数据之间的联系;关系模型是用"二维表"来表示数据之间的联系;面向对象模型是用"对象"来表示数据之间的联系。

层次模型结构简单,容易实现,对于某些特定的应用系统效率很高,但如果需要动态访问数据(如增加或修改记录类型)时,效率并不高。另外,对于一些非层次性结构(如多对多联系),层次模型表达起来比较繁琐和不直观。

网状模型可以看作是层次模型的一种扩展。网状模型与层次模型相比,提供了更大的灵活性,能更直接地描述现实世界,性能和效率也比较好。网状模型的缺点是结构复杂,用户不易掌握,记录类型联系变动后涉及链接指针的调整,扩充和维护都比较复杂。

关系模型是目前应用最多、也最为重要的一种数据模型,因此我们重点讨论关系模型,对于层次模型和网状模型不再赘述。

1.3.3 实体联系模型

概念模型是面向现实世界的,它的出发点是有效和自然地模拟现实世界,给出数据的概念化结构。被广泛使用的概念模型是 P. P. Chen 在 1976 年提出的 E-R 模型(或实体联系模型),它提供不受任何 DBMS 约束的面向用户的表达方法,在数据库设计中被广泛用作数据建模的工具。

E-R 模型可以用图的形式表示,这种图称为 E-R 图。在 E-R 图中分别用不同的几何图形表示 E-R 模型中的概念与联接关系。

(1)在 E-R 图中有下面四个基本成分:

①矩形框,表示实体类型(研究问题的对象)。矩形框内写明实体名。

②菱形框,表示联系类型。菱形框内写明联系名,用无向边与有关实体连接起来,同时在无向边上注明联系类型。需要注意的是,联系也有属性,也要用无向边与联系连接起来。

③椭圆形框,表示实体类型和联系类型的属性,椭圆内写明属性名,并用无向边将其与相应的实体连接起来。

④直线,联系类型与其涉及的实体类型之间以直线连接,用来表示它们之间的联系,并在直线端部标注联系的种类(1∶1、1∶n 或 m∶n)。

E-R 图成分示例如图 1.8 所示。

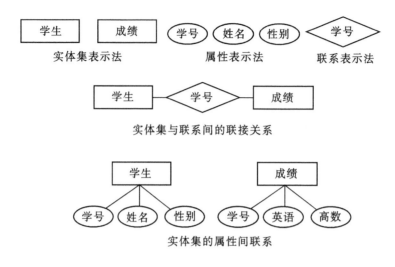

图 1.8　E-R 图成分表示示例

（2）E-R 模型有两个明显的优点：一是接近于人的思维，容易理解。人们通常就是用实体、联系和属性这三个概念来理解现实问题的，因此，E-R 模型比较接近人的习惯思维方式。二是与计算机无关，用户容易接受。E-R 模型使用简单的图形符号表达系统分析员对问题域的理解，不熟悉计算机技术的用户也能理解它，因此，E-R 模型可以作为用户与分析员之间有效的交流工具。E-R 模型已成为软件工程中的一个重要设计方法。

（3）下面用 E-R 图来表示仓储管理信息系统的概念模型，希望大家通过这个实例加深对 E-R 图的理解，并真正掌握它。

仓储管理信息系统涉及的实体如下：

①仓库：属性有仓库代码、仓库名称、联系人、联系电话和地理位置。

②产品：属性有产品号、入库批次、产品名称、产品种类、托盘标签 UID、产品包装箱 UID、产品质量、生产日期、截止日期、入库日期、仓库代码、库位号和单价。

③职员：属性有职员代码、姓名、性别、职称、部门代码、登录用户名、登录密码和权限。

④收货方：属性有收货方代码、收货方名称、收货方地址、联系人和联系方式。

上述实体之间的联系如下：

①一个仓库可以存放多个产品，但是一个产品只可以存放在一个仓库中。因此仓库和产品之间是一对多的联系。

②一个仓库有多个员工当仓库保管员，但是一个员工只能在一个仓库工作，因此仓库和员工之间是一对多的联系。

③一个收货方可以接收若干多个产品，一个产品只能发货给一个收货方，因此收货方与产品之间是一对多的联系。

上述关系的实体—属性图如图 1.9～图 1.12 所示。

E-R 图如图 1.13～图 1.16 所示。

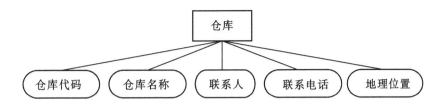

图 1.9　仓库实体—属性图

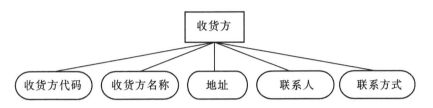

图 1.10　收货方实体—属性图

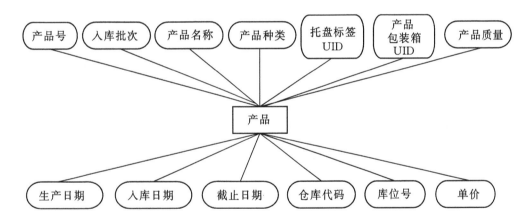

图 1.11　产品实体—属性图

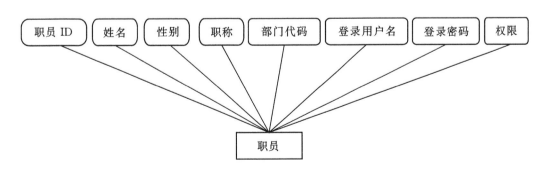

图 1.12　职员实体—属性图

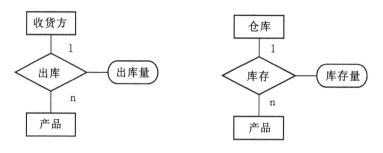

图 1.13　收货方—产品 E-R 图　　　　图 1.14　仓库—产品 E-R 图

图 1.15　仓库—职员 E-R 图

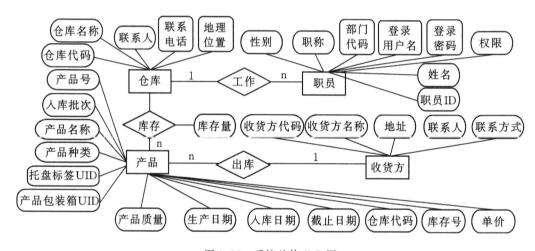

图 1.16　系统总体 E-R 图

1.3.4　关系模型

在现实生活中,我们经常用到数据表格,比如成绩单,工资表,登记表等。如果在数据库中以表格的形式来表达和管理信息,会更加接近用户的思维,使用会更加方便。关系模型就是以关系代数为理论基础,以集合为操作对象的数据模型,其表现形式就是在生活中经常用到的数据表格——二维表。关系模型的数据结构是一个"二维表框架"组成的集合。每个二维表又可称为关系。在关系模型中,操作的对象和结果都是二维表。关系模型是目前最流行的数据库模型。支持关系模型的数据库管理系统称为关系数据库管理系统,Access 就是一种关系数据库管理系统。

下面我们结合表 1.3 学习一下关系模型中的术语。

表 1.3   学生档案登记表

学号	姓名	性别	年龄	专业
201102030201	张三	男	20	信管
201102340206	李四	女	21	计算机
201102340209	王五	男	19	电商
201102340208	赵六	女	10	计算机

在关系模型中,通常把二维表称为关系。

(1)元组:表中的每行称为元组,如表 1.3 有 5 行,就有 5 个元组。

(2)属性:表中每一列称为属性,如表 1.3 有 5 列,对应 5 个属性(学号,姓名,性别,年龄和专业)。

(3)主码:表中可以唯一确定一个元组的属性称为主码,例如在表 1.3 中,学号可以唯一确定一行,那么学号这个属性称为主码。

(4)域:属性的取值范围称为域。例如性别属性的域为(男,女)。

(5)关系模式:对关系的结构描述称为关系模式,它可以形式化的表示为 R(U,D,F),其中 R 为关系名,U 为组成该关系的属性名集合,D 为属性组 U 中属性所来自的域,F 为属性间的数据依赖关系集合。例如上面的关系可描述为学生(学号,姓名,性别,年龄,专业)。

关系模型的组成有以下几部分。

1. 关系数据结构

单一的数据结构——关系。

现实世界的实体以及实体间的各种联系均用关系来表示,从用户角度看,关系模型中数据的逻辑结构是一张二维表。关系必须是规范化的关系,即每个属性是不可分的数据项,不允许表中有表。

2. 关系操作集合

常用的关系操作包括查询操作和插入、删除、修改操作两大部分。其中查询操作的表达能力最重要,包括:选择、投影、连接、除、并、交和差等。

关系模型中的关系操作能力早期通常是用代数方法或逻辑方法来表示,分别称为关系代数和关系演算。关系代数是用对关系的代数运算来表达查询要求的方式;关系演算是用谓词来表达查询要求的方式。另外还有一种介于关系代数和关系演算的语言,称为结构化查询语言,简称 SQL。

3. 关系的数据完整性

关系的数据完整性包括:域完整性、实体完整性、参照完整性和用户自定义的完整性。

域完整性、实体完整性和参照完整性是关系模型中必须满足的完整性约束条件,只要是关系数据库系统就应该支持域完整性、实体完整性和参照完整性。除此之外,不同的关系数据库系统根据其应用环境的不同,往往还需要一些特殊的约束条件,用户自定义的完整性就是对某些具体关系数据库的约束条件。例如:选课表(课程号,学号,成绩),在定义关系选课表时,我们可以对成绩这个属性定义必须大于等于 0 的约束。

关系模型具有以下特点：

①描述的一致性，无论是实体还是联系都用关系来描述，保证了数据操纵语言一致；

②利用公共属性连接；

③结构简单直观；

④有严格的理论基础。

关系模型也有缺点，在查询时需要执行一系列查表、拆表和并表操作，查询操作速度很慢。针对这些缺点，我们可以通过查询优化技术来改善。

1.4 体系结构

1.4.1 数据库模式

模式（schema）是数据库中全体数据的逻辑结构和特征的描述，它仅仅涉及到型的描述，不涉及到具体的值。模式的一个具体值称为模式的一个实例（instance）。同一个模式可以有很多实例。例如学生（学号，姓名，性别，年龄，年级，专业）定义了一个学生关系，（201102340201，王艺，女，21，2011级，信息管理与信息系统）就是一个实例，（201102340202，王凯，男，20，2011级，信息管理与信息系统）也是一个实例。

模式是相对稳定的，而实例是相对变动的，因为数据库中的数据不断更新，例如学生退学、毕业生毕业、新生升学，学生数据库的数据就会变动。模式反映的是数据的结构及其关系，而实例反映的是数据库某一时刻的状态。

1.4.2 三级模式结构

人们为数据库设计了一个严谨的体系结构，数据库领域公认的标准结构是三级模式结构，它包括外模式、模式和内模式。该结构能有效地组织、管理数据，提高了数据库的逻辑独立性和物理独立性。

用户级对应外模式，概念级对应模式，物理级对应内模式，使不同级别的用户对数据库形成不同的视图。所谓视图，就是指观察、认识和理解数据的范围、角度和方法，是数据库在用户"眼中"的反映，很显然，不同层次（级别）用户所"看到"的数据库是不相同的。

数据库系统的三级模式结构如图1.17所示。

1. 模式（schema）

模式也称逻辑模式，是数据库中全体数据的逻辑结构和特征的描述，是所有用户的公共数据视图。模式不涉及数据的物理存储细节和硬件环境，也与具体的用户无关。模式是对数据库结构的一种描述，而不是数据库本身，它是数据的一个框架。模式的特点如下：

①一个数据库只有一个模式；

②模式是数据库数据在逻辑上的视图；

③数据库模式以某一种数据模型为基础；

④定义模式时不仅要定义数据的逻辑结构（如数据记录由哪些数据项构成，数据项的名字、类型、取值范围等），而且要定义与数据有关的安全性、完整性要求，定义这些数据之间的联系。

2. 外模式（external schema）

外模式也称子模式（subschema）或用户模式，它针对某一具体用户和设置，是数据库用

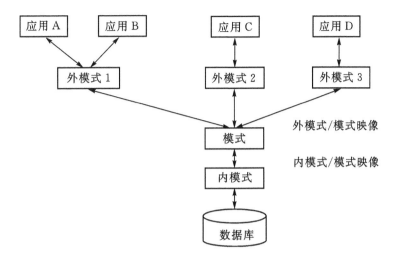

图 1.17 数据库系统的三级模式结构

户(包括应用程序员和最终用户)能够看见和使用的局部数据的逻辑结构和特征的描述,是数据库用户的数据视图,是与某一应用有关的数据的逻辑表示。同一外模式可以为某一用户的任意多个应用使用。其特点如下:

①一个数据库可以有多个外模式;

②外模式就是用户视图;

③外模式是保证数据安全性的一个有力措施。

3. 内模式(internal schema)

内模式也称存储模式(storage schema),它是数据物理结构和存储方式的描述,是数据在数据库内部的表示方式(例如,记录的存储方式是顺序存储、按照 B 树结构存储还是按 hash 方法存储;索引按照什么方式组织;数据是否压缩存储,是否加密;数据的存储记录结构有何规定)。内模式的特点如下:

①一个数据库只有一个内模式;

②一个表可能由多个文件组成,如数据文件、索引文件。

它是数据库管理系统(DBMS)对数据库中数据进行有效组织和管理的方法。其目的有:

①为了减少数据冗余,实现数据共享;

②为了提高存取效率,改善性能。

一般外模式对应于 SQL 的视图,模式对应于基本表,元组称为"行",属性称为"列",内模式对应于存储文件。

模式的三个级别层次反映了模式的三个不同环境以及它们的不同要求,其中内模式处于最低层,它反映了数据在计算机物理结构中的实际存储形式;模式处于中层,它反映了设计者的数据全局逻辑要求;而外模式处于最外层,它反映了用户对数据的要求。

数据库系统的三级模式是对数据的三个级别抽象,它把数据的具体物理实现留给物理模式,使用户与全局设计者能不必关心数据库的具体实现与物理背景,同时,它通过两级映射(像)建立三级模式间的联系与转换,使得概念模式(模式)与外模式虽然并不具物理存在,但是也能通过映射(像)而获得其存在的实体,同时两级映像也保证了数据库系统中数据的独立性,亦即数据的物理组织改变与逻辑概念级改变,并不影响用户模式的改变,它只要调整映射方式而不必改变用户模式(外模式)。

1.4.3 二级映像

三级模式体现的是一种抽象的思想。数据库的三级模式是对数据的 3 个抽象级别,为了能在系统内部实现这 3 个层次的联系和转换,数据库系统在这三级模式之间提供了两层映像。

1. 外模式/模式映像

外模式/模式映像即外模式到逻辑模式的映像,它定义了数据的局部逻辑结构与全局逻辑结构之间的对应关系,该映像定义通常包含在各自外模式的描述中。对于每一个外模式,数据库系统都有一个外模式/模式映像。当逻辑模式改变时,由数据库管理员对各个外模式/模式映像做相应改变,可以使外模式保持不变,从而不必修改应用程序,保证了数据的逻辑独立性。

2. 模式/内模式映像

模式/内模式映像即逻辑模式到内模式的映像,定义了数据的全局逻辑结构与物理存储结构之间的对应关系,该映像定义通常包含在模式描述中。数据库中只有一个模式,也只有一个内模式,所以模式/内模式映像也是唯一的。

当数据库的存储结构改变时(如换了另一个磁盘来存储该数据库),由数据库管理员对模式/内模式映像做相应改变,可以使模式和外模式保持不变,从而保证了数据的物理独立性。

数据模式给出了数据库的数据框架结构,而数据库中的数据才是真正的实体,但这些数据必须按框架所描述的结构组织。以概念模式(模式)为框架所组成的数据库叫概念数据库(Conceptual Database),以外模式为框架所组成的数据库叫用户数据库(User's Database),以内模式为框架所组成的数据库叫物理数据库(Physical Database)。这三种数据库中只有物理数据库是真实存在于计算机外存中,其他两种数据库并不真正存在于计算机中,而是通过两种映射由物理数据库映射而成。下面我们通过图 1.18 加深对数据库的三级模式结构及二级映像的理解。

从图 1.18 中可以看到用户应用视图根据外模式进行数据操作,通过外模式/模式映像,定义和建立某个外模式与模式间的对应关系。将外模式与模式联系起来,当模式发生改变时,只要改变其映射,就可以使外模式保持不变,对应的应用程序也可保持不变。

另一方面,通过模式/内模式映像,定义建立数据的逻辑结构(模式)与存储结构(内模式)间的对应关系。当数据的存储结构发生变化时,只需改变模式/内模式映像,就能保持模式不变,因此应用程序也可以保持不变。

通过外模式/模式映像和模式/内模式映像这两个映像保证了数据库系统中的数据具有较高的逻辑独立性和物理独立性。

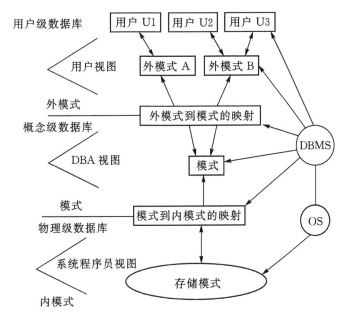

图1.18 二级映射图示

1.4.4 二级数据独立

在三级模式中提供了二级映像,以保证数据库系统的数据独立性。数据的独立性包括物理独立性和逻辑独立性。

1. 物理独立性

物理独立性是指用户的应用程序与存储在磁盘上数据库中的数据相互独立,应用程序不会因为物理存储结构的改变而改变。物理独立性使得在系统运行时,为改善系统效率而调整物理数据库不会影响到应用程序的正常运行。内模式与模式映像保证了其物理独立性。

当数据库中数据物理存储结构改变时,即内模式发生变化,例如定义和选用了另一种存储结构,可以调整模式/内模式映像关系,保持数据库模式不变,从而使数据库系统的外模式和各个应用程序不必随之改变。这样就保证了数据库中数据与应用程序间的物理独立性,简称数据的物理独立性。

2. 逻辑独立性

逻辑独立性指用户的应用程序与数据库的逻辑结构相互独立。数据的逻辑结构改变了,如增删字段或联系,也不需要重写应用程序。外模式与模式映像保证了其逻辑独立性。

当数据库模式发生变化时,例如关系数据库系统中增加新的关系、改变关系的属性数据类型等,可以调整外模式/模式间的映像关系,保证面向用户的各个外模式不变。应用程序是依据数据的外模式编写的,从而应用程序不必修改,保证了数据与应用程序的逻辑独立性,简称数据的逻辑独立性。

1.5 DBMS

数据库管理系统(DataBase Management System)是一种操纵和管理数据库的大型软件,用于建立、使用和维护数据库,简称 DBMS。它对数据库进行统一的管理和控制,以保证数据库的安全性和完整性。用户通过 DBMS 访问数据库中的数据,数据库管理员也通过 DBMS 进行数据库的维护工作。它提供多种功能,可使多个应用程序和用户用不同的方法在同时或不同时刻去建立、修改和询问数据库。它使用户能方便地定义和操纵数据,维护数据的安全性和完整性,以及进行多用户下的并发控制和数据库的恢复。

DBMS 位于用户与操作系统之间,帮助企业开发、使用和维护组织的数据库。它既能将所有数据集成在数据库中,又允许不同的用户应用程序方便地存取相同的数据库。

1.5.1 DBMS 的组成

数据库管理系统通常由以下三部分组成:

第一部分,数据描述语言(Data Description Language,简称 DDL)。为了对数据库中的数据进行存取,必须正确地描述数据以及数据之间的联系,DBMS 根据这些数据定义从物理记录导出全局逻辑记录,从而导出应用程序所需的记录。DBMS 提供数据描述语言以完成这些描述工作。

第二部分,数据操纵语言(Data Manipulation Language,简称 DML)。DML 是 DBMS 中提供应用程序员存储、检索、修改和删除数据库中数据的工具,又称数据子语言(DSL)。DML 有两种基本类型:过程化 DML 和非过程化 DML。过程化 DML 不仅要求用户指出所需的数据是什么,还要指出如何存取这些数据;非过程化 DML 只要求用户指出所需的数据而不必指出存取这些数据的过程。

第三部分,数据库例行程序。从程序的角度看,DBMS 是由许多程序组成的一个软件系统,每个程序都有自己的功能,它们互相配合完成 DBMS 的工作,这些程序就是数据库管理例行程序。在 DBMS 中,这些程序主要有以下三种:语言处理程序,系统运行控制程序,日常管理和服务性程序。

1.5.2 DBMS 的主要功能

由于不同 DBMS 要求的硬件资源、软件环境是不同的,因此其功能与性能也存在差异,但一般说来,DBMS 的功能主要包括以下 6 个方面。

(1)数据定义功能。DBMS 提供 DDL 定义数据库的结构、包括外模式、内模式及其相互之间的映像,定义数据的完整性约束、保密限制等约束条件。DBMS 提供相应数据语言(DDL)来定义数据库结构,它们是刻画数据库的框架,被保存在数据字典中,供以后进行数据操纵或数据控制时查阅使用。

(2)数据操纵功能。DBMS 提供数据操纵语言(DML),实现对数据库数据的基本存取操作:检索,插入,修改和删除。数据操纵包括对数据库数据的检索、插入、修改和删除等基本操作。

(3)数据库运行管理功能。对数据库的运行进行管理是 DBMS 运行时的核心部分。所有访问数据库的操作都要在这些控制程序的统一管理下进行,以保证数据的安全性、完整性、一致性以及多用户对数据库的并发使用。DBMS 提供数据控制功能,即数据的安全性、完整性和并发控制等,对数据库运行进行有效地控制和管理,以确保数据正确有效。

(4)数据组织、存储和管理功能。数据库中需要存放多种数据,DBMS 负责分门别类地组织、存储和管理这些数据,确定以何种文件结构和存取方式物理地组织这些数据,如何实现数据之间的联系,以便提高存储空间利用率以及提高各种操作的时间效率。

(5)数据库的建立和维护功能。建立数据库包括数据库初始数据的输入与数据转换等。维护数据库包括数据库的转储与恢复、数据库的重组织与重构造、性能的监视与分析等。

(6)数据库的传输。DBMS 提供处理数据的传输,实现用户程序与 DBMS 之间的通信,通常与操作系统协调完成。

1.5.3 用户访问数据库的过程

现以用户通过应用程序读取一个记录为例,说明用户访问数据库过程中的主要步骤。

(1)用户在应用程序中,首先要给出他使用的子模式(外模式)名称,而后在需要读取记录处嵌入一个用数据操作语言书写的读记录语句(其中给出要读记录的关键字值或其他数据项值)。当应用程序执行到该语句时,即转入 DBMS 的特定程序或向 DBMS 发出读记录的命令。

(2)DBMS 按照应用程序的子模式(外模式)名,查找子模式(外模式)表,确定对应的模式名称。可能还要检验操作的合法性,核对用户的访问权限,如果未通过,则拒绝执行该操作,并向应用程序状态字回送出错状态信息。

(3)DBMS 按模式名查阅模式表,找到对应的目标模式,从中确定该操作所涉及的记录类型,并通过模式到存储映射(往往也在模式中)找到这些记录类型的存储模式(内模式)。这里还有可能进一步检查操作的有效性、保密性。如未通过,则拒绝执行该操作并回送出错误状态信息。

(4)DBMS 查阅存储模式(内模式),确定应从哪个物理文件、区域、设备、存储地址、调用哪个访问程序去读取所需记录。

(5)DBMS 的访问程序找到有关的物理数据块(或页面)地址,向操作系统发出读块(页)操作命令。

(6)操作系统收到该命令后,启动联机 I/O 程序,完成读块(页)操作,把要读取的数据块或页面送到内存的系统缓冲区。

(7)DBMS 收到操作系统 I/O 结束回答后,按模式、子模式定义。将读入系统缓冲区的内容映射为应用程序所需要的逻辑记录,送到应用程序工作区。

(8)DBMS 向应用程序状态字回送反映操作执行结果的状态信息,如"执行成功"、"数据未找到"等。

(9)记载系统工作日志。

(10)应用程序检查状态字信息。如果执行成功,则可对程序工作区中的数据作正常处理;如果数据未找到或有其他错误,则决定程序下一步如何执行。

以上过程如图 1.19 所示。

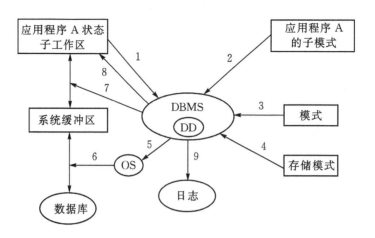

图 1.19　用户访问数据库的过程

第2章 关系数据库

经过第 1 章的学习我们已经了解了数据库的基本概念,数据库的发展历史,以及数据库管理系统的应用。这一章我们将介绍什么叫关系数据库,以及什么是数据库中的模型,重点介绍什么是关系模型,数据库的三种完整性定义,关系代数的基本操作,最后介绍两种关系演算,通过这一章的学习加强对关系数据库的理解。下面我们介绍一下什么是关系数据库。

2.1 关系数据库

关系数据库(Relational DataBase,RDB)就是指基于关系模型的数据库,关系数据库系统是一种重要的数据库数据模型,不但理论成熟,其应用范围也比网状和层次数据库广泛。

目前,关系数据库管理系统已经成为当今流行的数据库系统,各种实现方法和优化方法也比较完善。关系数据库是由数据表和数据表之间的关联组成的,其中数据表通常是由一个行和列组成的二维表,每一个数据表分别说明数据库中某一特定的方面或部分的对象及其属性。数据表中的行通常叫做记录或元组,它代表众多具有相同属性的对象中的一个。数据库表中的列通常叫做字段或者属性,它代表相应数据库表中存储对象的共有属性。

2.2 关系模型

关系模型最早是在美国 IBM 公司的 E. F. Codd 发表的《大型共享数据银行数据的关系模型》中提出来的。关系模型的基本假定是所有的数据都表示成数学中的关系,数据通过关系代数和关系演算进行推理,推理的结果只有两种,要么为真,要么为假。

关系模型的定义为:关系模型是用二维表的形式来表示实体与实体之间联系的数据模型。我们接触的数据库模型除了关系模型外,常见的还有层次模型和网状模型。层次模型是用树形结构来描述实体之间的联系,网状模型是用网状结构来表示实体与实体之间的关系。三种数据模型的比较见表 2.1。

表 2.1 三种数据模型的比较

数据模型	结构	特点	联系方式	效率	查询语言
层次模型	树(复杂)	适应于 1∶n 的层次联系	指针	使用较难效率较高	过程性语言
网状模型	有向图(复杂)	间接表示 m∶n 的联系	指针	使用复杂效率较高	过程性语言
关系模型	二维表(简单)	适应于 m∶n 的联系	自然联系	容易使用效率较低	非过程性语言

相比层次、网状模型,关系模型具有以下的特点:

(1)结构简单。关系模型是用二维表来表示实体之间的关系,相比网络和树形结构更加清楚明了。

(2)建立在严格的数学理论基础上,结构单一,概念清晰。

(3)关系模型的存储结构对用户透明,具有更高的数据独立性,安全性更高。

(4)可以描述多种对应关系,一对一(1∶1),一对多(1∶n),多对多(m∶n)。例如一个学生只对应一个学号这是一对一的关系;一个学生可以选择多门选修课程这是一对多的关系;多门课程可以被多个同学选择这是多对多的关系。

(5)非过程化的操作,在关系模型中,用户不必了解系统内部的数据存储路径,只需知道干什么,而不必知道需要怎么干。

2.2.1 基本概念

(1)关系:关系模型中的数据是用关系来描述的,数据之间的联系依然用关系来表示。简单来说一个关系就是一个二维表。

(2)关系模式:关系的描述称为关系模式。它包括:关系名、组成关系的诸属性名、属性到域的映象和属性间的数据依赖关系等等。所以,关系模式由关系名、诸属性名和属性到域的映象三个部分组成,关系模式通常简记为 $R(A_1, A_2, \cdots, A_n)$,其中 R 是关系名,A_1,$A_2, \cdots, A_n$ 为诸属性名。属性到域的映象一般通过指定属性的类型和长度来说明。

(3)关系数据库:在关系数据库中,要分清型和值两个基本概念。关系数据库的型是指数据库的结构描述,它包括关系数据库名、若十属性的定义以及这些属性上的若干关系模式。数据库的型亦称为数据库的内涵(intension),数据库的值亦称为数据库的外延。在关系数据库中,内涵是比较稳定的,它规定了外延的取值范围,而外延却是随时间变化的。这和在一般的形式逻辑中外延和内涵一一对应有所区别。此处外延是指任意一个满足内涵的集合,而不一定恒指满足内涵的最大的一个集合。

(4)域:域是原子值的集合,就关系模型而言,原子是指域中的每个值是不能再分的。简单地说,域是一组具有相同数据类型的值的集合。

(5)元组:表中的一行成为一个元组,但是不包括表头。例如表 2.2 中的学号为 20110121 所对应的这一行,就称为一个元组。

(6)属性:表中的一列就称为一个属性。例如表 2.2 中的 Sno 这一列。

(7)码:若关系中的某一个属性组能唯一地标识每个元组,则称该属性组为码,也称作关键字。

(8)主码:用关系组织数据时,常用一个候选码作为组织该关系的唯一性操作变量,这样的候选码称为主码。即一个表中可以唯一确定一个元组的属性组。例如表 2.2 Student(Sno,Sname,Sage,Sdex,Sdept)中的学号 Sno。

(9)候选码:在一个关系中某一个属性集合的值可以唯一的确定每一个元组,但是这个值对于不同的元组作用是不一样的,这样的属性集合就叫候选码。

(10)外码:如果属性 R1 不是关系 A 的候选码,而是关系 B 的候选码,则称 R1 为 A 的外码。

(11)全码:整个关系模式的属性集合是这个关系模式的候选码,称为全码。

(12)主属性:所有候选码中的属性称为主属性。

(13)非主属性:不包含在任何候选码中的属性。

(14)分量:元组中的一个属性值。例如表2.2中学号为20110121这一个元组所对应的张三这一个属性值。

表2.2 学生表

Sno	Sname	Sage	Ssex	Sdept
20110121	张三	20	男	信息系
20110143	李四	19	女	经济系

2.2.2 基本关系的性质

(1)列的同质性,即一列中的数据来自同一个域,属于同样的类型。

(2)列名唯一性,不同的列名可以出自同一个域。

(3)列序无关性,列的数序无所谓可以任意交换。

(4)元组相异性,关系中的任意两个元组不可能完全相同。

(5)元组无关性,元组的顺序可以任意交换。

(6)分量原子性,每一个分量必须是不能再分的数据项。

说明:关系模型要求关系必须是规范的,每一个分量不能再分,不允许表中的表达式或者分量有多个值,不允许表的嵌套。

2.2.3 完整性

为了维护数据的正确性,有效性以及与现实世界的一致性,定义数据库的操作必须满足一定的约束条件,这就是所谓的关系的完整性。

关系的完整性分为三类,实体完整性(entity integrity),参照完整性(referential integrity),用户自定义的完整性(user-defined integrity)。其中,实体完整性和参照完整性是任何关系模型都必须满足的完整性约束条件,应该由关系数据库DBMS自动支持。而用户自定义的完整性的支持是由DBMS提供完整性定义设施(或机制),可以随DBMS商品软件不同而有所变化。

1.实体完整性

实体完整性是指主键的值不能为空。如果主属性取空值,就说明存在不可识别的实体,这与现实世界的环境相矛盾,因此这个实体一定不是一个完整的实体。一个基本关系通常对应于现实世界的一个实体集,例如:关系"学生(学号,姓名,性别,出生日期,所在系)"对应于学生的集合,"学生选课(学号,课程号,成绩)"对应于学生和课程之间的联系这个实体集。

实体完整性规则的说明:

①实体完整性规则是针对基本关系而言的,一个基本表通常对应现实世界的一个实体集;

②现实世界中的实体是可区分的,即它们具有某种唯一性标识;

③关系模型中以主码作为唯一性标识；

④主码中的属性即主属性不能取空值。

2. 参照完整性

如果关系 R1 的外键与关系 R2 的主键相符，那么外键的每个值都必须在关系 R2 中主键的值中找到或者是空值。

例如：学生(学号,姓名,性别,出生日期,所在系)

系(系名,系主任,联系电话)

两个关系存在属性间的引用，即"学生"关系中的所在系与"系"关系中的系名所指应该是相同的。显然"学生"关系中的所在系必须是现实存在的系名，而"系"关系中也必须有该系的记录。也就是说，"学生"关系中的某个属性的取值需要参照"系"关系的属性取值。

3. 用户自定义完整性

它是针对某一具体的数据库的约束条件，它由应用环境所决定，反映某一具体应用所涉及的数据必须满足的要求。用户自定义的完整性反映了某一具体的应用所涉及的数据必须满足的语义条件，关系模型应提供定义和检验这类完整性的机制，以便用统一的系统方法来处理它们而不要由应用程序承担这一功能。

关系数据库系统一般包括下面几种用户自定义的完整性：

①属性是否允许为空值；

②属性值是否唯一；

③属性值的取值范围；

④属性值的缺省值；

⑤属性之间的函数依赖。

完整性规则检查：为了维护数据库中数据的完整性，在对关系数据库进行插入、删除或修改操作时要检查是否满足完整性规则。

(1)插入：检查是否满足实体完整性规则。检查属性上的值是否已经存在，若不存在可以执行插入操作，否则，不能执行插入操作。

①检查是否满足参照完整性规则。向参照关系插入操作时，检查外码属性上的值是否在被参照关系的主码属性中存在，若存在可以执行插入操作，否则不执行。

②检查是否满足用户定义完整性规则。检查插入数据是否符合用户的定义的完整性规则，若符合，则可以插入，否则不插入。

(2)删除：检查是否满足参照完整性规则。删除被参照关系中的行，检查其主码是否被参照关系的外码引用，若没被引用，则删除。若被引用，则：①拒绝删除；②空值删除；③级联删除。

(3)修改：修改等价于先删除，后插入(两种情况的结合)。

2.2.4 形式定义

关系模型有三个重要组成部分，数据结构、数据操作和数据完整性的约束条件。

1. 数据结构

数据结构描述数据对象的类型、性质、属性以及数据对象之间的关系。

2.数据操作

数据操作指的是对数据库中的数据进行的操作,包括插入、删除和修改。

3.数据完整性的约束条件

数据库中的数据必须满足实体完整性,参照完整性和用户定义完整性规则。

2.3 关系代数

关系代数是一种抽象的查询语言,关系代数中的运算对象是关系,运算的结果也是关系,关系代数用关系运算来表示查询的条件。

关系数据语言分为三类见表2.3。

表2.3 关系数据语言分类

关系数据语言		关系代数语言	ISBL
	关系演算语言	元组关系演算语言	ALPHA
		域关系演算语言	QBE
	具有关系代数和关系演算的特点的语言		SQL

2.3.1 基本操作

关系代数的运算可以分为两类:

(1)传统的关系演算:并、差、交和笛卡尔积。这类运算是二目运算,将关系看成元组的集合,对关系的水平方向进行操作。

(2)专门的关系演算:投影、选择、连接和除。这类运算不仅从行的角度进行运算,还从列的角度进行运算,这类操作主要用于实际系统的查询操作。

关系代数包括5种基本的操作分别是选择、投影、并、差和笛卡尔积。

数据代数常用的运算符见表2.4。

表2.4 关系代数常用的运算符

运算符		含义	运算符		含义
集合运算符	$\cup$	并	比较运算符	$>$	大于
	$-$	差		$\geqslant$	大于等于
	$\cap$	交		$<$	小于
	$\times$	笛卡尔积		$\leqslant$	小于等于
				$=$	等于
				$<>$	不等于

(1)并(Union):关系 R 和关系 S 的并由属于 R 或者属于 S 的元组组成。

记作:$R \cup S = \{t | t \in R \cup t \in S\}$

(2)差(Difference):关系 R 和关系 S 的差由属于 R 但是不属于 S 的所有元组组成。

记作:$R - S = \{t | t \in R \wedge t \not\subset S\}$

（3）交（Intersection）：关系 R 和关系 S 的交由即属于 R 又属于 S 的元组组成。

记作：$R \cap S = \{t | t \in R \wedge t \in S\}$

或者可以记作：$R \cap S = R - (R - S)$

（4）笛卡尔积：R 为 m_1 元的关系，有 n_1 个元组，S 为 m_2 元的关系，有 n_2 个元组。那么关系 R 和 S 的笛卡尔积的结果就有 $m_1 + m_2$ 元的关系，有 $n_1 n_2$ 个元组。

说明：并、交、笛卡尔积运算均满足结合律，求差运算并不满足结合律。

【例 2 - 1】 关系 R 和关系 S 的关系如表 2.5（a）和 2.5（b）所示，求 $R \cup S$，$R \cap S$，$R - S$，RS。

表 2.5　例 2 - 1 表 1

（a）关系 R

A	B	C
1	2	3
4	5	6
7	8	9

（b）关系 S

A	B	C
1	2	3
4	5	6
10	11	12

求得 $R \cup S$，$R \cap S$，$R - S$，RS 见表 2.6（a），2.6（b），2.6（c），2.6（d）。

表 2.6　例 2 - 1 表 2

（a）$R \cup S$

A	B	C
1	2	3
4	5	6
7	8	9
10	11	12

（b）$R \cap S$

A	B	C
1	2	3
4	5	6

（c）$R - S$

A	B	C
7	8	9

（d）RS

RA	RB	RC	SA	SB	SC
1	2	3	1	2	3
1	2	3	4	5	6
1	2	3	10	11	12
4	5	6	1	2	3
4	5	6	4	5	6
4	5	6	10	11	12
7	8	9	1	2	3
7	8	9	4	5	6
7	8	9	10	11	12

2.3.2 组合操作

常见的组合操作有选择、投影、连接以及除法运算。常见的关系运算符见表2.7。

表 2.7 关系运算符

运算符	含义		运算符	含义	
专门的关系运算符	σ π ⋈ ÷	选择 投影 连接 除	逻辑运算符	¬ ∧ ∨	非 与 或

1. 选择

选择运算是在行的基础上进行元组的选择。

记作：$\sigma F(R) = \{t \mid (t \in R) \wedge F(t) = true\}$

表示的含义是：从关系 R 中选择出满足条件的表达式 F 的元组。

2. 投影

投影运算是进行列的操作，产生不同类的关系。

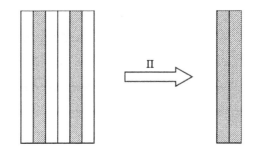

记作：$\Pi A(R) = \{t[A] \mid t \in R\}$

注意：投影操作选择出满足条件的列的同时还能消除重复的元组。

3. 连接

连接是将两个关系的属性名拼接成一个更宽的关系，生成的新关系中包含满足连接条件的元组。运算过程是通过连接条件来控制的，连接是对两个表的操作。常用的连接操作有：

（1）交叉连接。交叉连接又称笛卡尔连接，设表 R 和 S 的属性个数分别为 r 和 s，元组个数分别为 m 和 n，则 R 和 S 的交叉连接是一个具有 r+s 个属性，m×n 个元组的表，且每个元组的前 r 个属性来自于 R 的一个元组，后 s 个属性来自于 S 的一个元组，记为 R×S。连接符为"="的连接。

记作：$R \bowtie S = \sigma R.A = S.B(R \times S)$

（2）内连接。

①条件连接。条件连接是把两个表中的行按照给定的条件进行拼接而形成的新表，结

果列为连接的两个表的所有列,记为 R⋈F S。其中 R 和 S 是进行连接的表,F 是条件。

②自然连接。自然连接是除去重复属性的等值连接,它是连接运算的一个特例,是最常用的连接运算。自然连接记为 R⋈S,其中 R 和 S 是两个表,并且具有一个或多个同名属性。在连接运算中,同名属性一般都是外关键字,否则会出现重复数据。

(3)外连接。在关系 R 和 S 上做自然连接时,选择两个关系在公共属性上值相等的元组构成新关系的元组。此时 R 和 S 中公共属性值不相等的元组被舍弃。如果 R 和 S 在做自然连接时,把原该舍弃的元组也保留在新关系中,同时在这些元组新增加的属性上填上空值(NULL),这种操作称为"外连接"操作。

①左外连接。左外连接就是在查询结果集中显示左边表中所有的记录,以及右边表中符合条件的记录。

②右外连接。右外连接就是在查询结果集中显示右边表中所有的记录,以及左边表中符合条件的记录。

③全外连接。全外连接就是在查询结果集中显示左右两张表中所有的记录,包括符合条件和不符合条件的记录。

【例 2-2】 设学生和选课关系见表 2.8。

表 2.8 学生和选课关系

(a)学生

学号	姓名	年龄	所在系
B0001	王华	19	计算机系
B0004	赵薇	19	计算机系

(b)选课

学号	课程名	成绩
B0001	数据库	80
B0002	可视化编程	76
B0003	数据库	15

(1)求得交叉连接如下表。

学生.学号	姓名	年龄	所在系	选课.学号	课程名	成绩
B0001	王华	19	计算机系	B0001	数据库	80
B0001	王华	19	计算机系	B0002	可视化编程	76
B0001	王华	19	计算机系	B0003	数据库	15
B0004	赵薇	19	计算机系	B0001	数据库	80
B0004	赵薇	19	计算机系	B0002	可视化编程	76
B0004	赵薇	19	计算机系	B0003	数据库	15

(2)设条件为"成绩"<"年龄",求得学生 ⋈F 选课如下表。

学生,学号	姓名	年龄	所在系	选课,学号	课程名	成绩
B0001	王华	19	计算机系	B0003	数据库	15
B0004	赵薇	19	计算机系	B0003	数据库	15

（3）求得学生 ⋈ 选课如下表。

学号	姓名	年龄	所在系	课程名	成绩
B0001	王华	19	计算机系	数据库	80

（4）求得左外连接，右外连接，全外连接如下表。

左外连接

学号	姓名	年龄	所在系	课程名	成绩
B0001	王华	19	计算机系	数据库	80
B0004	赵薇	19	计算机系	NULL	NULL

右外连接

学号	姓名	年龄	所在系	课程名	成绩
B0001	王华	19	计算机系	数据库	80
B0002	NULL	NULL	NULL	可视化编程	76
B0003	NULL	NULL	NULL	数据库	15

全外连接

学号	姓名	年龄	所在系	课程名	成绩
B0001	王华	19	计算机系	数据库	80
B0002	NULL	NULL	NULL	可视化编程	76
B0003	NULL	NULL	NULL	数据库	15
B0004	赵薇	19	计算机系	NULL	NULL

4. 除

除法运算是二目运算，设有关系 R(X, Y)与关系 S(Y, Z)，其中 X、Y、Z 为属性集合，R 中的 Y 与 S 中的 Y 可以有不同的属性名，但对应属性必须出自相同的域。关系 R 除以关系 S 所得的商是一个新关系 P(X)，P 是 R 中满足下列条件的元组在 X 上的投影：元组在 X 上分量值 x 的象集 Yx 包含 S 在 Y 上投影的集合。

记作：$R \div S = \{tr[X] \mid tr \in R \land \Pi y(S) \subseteq Yx\}$

几种运算的作用：

①选择运算实现行属性的选择；

②笛卡尔积运算实现两个关系的无条件全连接；

③并运算实现两个关系的合并；

④差运算实现关系元组中的元组的删除。

【例 2－3】 求 R÷S。

	A	B	C
	a_1	b_1	c_2
	a_2	b_3	c_7
R	a_3	b_4	c_6
	a_1	b_2	c_3
	a_4	b_6	c_6
	a_2	b_2	c_3
	a_1	b_2	c_1

	B	C	D
	b_1	c_2	d_1
S	b_2	c_1	d_1
	b_2	c_3	d_2

R÷S
A
a_1

2.3.3 表达式

数据库中最重要的三个表格见表2.9。

表 2.9 学生表,课程表,学生-课程表

(a)学生表

学号 Sno	姓名 Sname	性别 Ssex	年龄 Sage	所在系 Sdept
20111401	张宇	男	18	Cs
20111402	赵晨	男	17	IS
20110103	张丽	女	18	MA
20110104	王雪	女	19	IS

(b)课程表

课程号 Cno	课程名 Cname	先行课 Cpno	学分 Ccredit
1	数据库	5	4
2	信息系统	1	4
3	数据结构	7	4
4	操作系统	6	3

(c)学生-课程表

学号 Sno	课程号 Cno	成绩 Grade
20111401	1	92
20111402	2	99
20111403	3	98
20111404	2	88

基于这三个表格,可以进行许多查询操作。

【例 2 - 4】 查询信息系(IS 系)全体学生 $\sigma_{Sdept} = 'IS'$ (Student)或 $\sigma_5 = 'IS'$ (Student),结果显示:

学号 Sno	姓名 Sname	性别 Ssex	年龄 Sage	成绩 Sdept
20111402	赵晨	男	17	99
20111404	王雪	女	19	88

【例 2 - 5】 查询年龄小于 20 岁的学生 $\sigma_{Sage} < 20$(Student)或 $\sigma_4 < 20$(Student),结果显示:

学号	姓名	性别	年龄	系别
20111401	张宇	男	18	Cs
20111402	赵晨	男	17	IS
20111403	张丽	女	18	MA
20111404	王雪	女	19	IS

【例 2 - 6】 查询学生的姓名和所在系。即求 Student 关系上学生姓名和所在系两个属性上的投影 $\pi_{Sname,Sdept}$(Student)或 $\pi_{2,5}$(Student),结果显示:

姓名	所在系
张宇	Cs
赵晨	IS
张丽	MA
王雪	IS

2.4 关系演算

关系演算是以逻辑中的谓词演算为基础进行的关系数据语言,与我们之前学习的关系代数所不同的是,使用谓词演算只需要用谓词公式进行满足条件的查询,至于查询如何实现由系统解决。根据谓词的不同,关系演算又可以分为两大类:元组关系演算和域关系演算。

2.4.1 元组关系演算

ALPHA 语言是由 E. F. Codd 提出的一种基于元组关系演算的语言。这种语言主要包括 GET,PUT,HOLD,UPDATE,DELETE,DROP 等语句。

基本的语句格式是:

〈操作符〉〈工作空间名〉(〈目标表〉)[:〈操作条件〉]

元组关系演算还包括检索操作,更新操作中的插入、删除和修改操作。

2.4.2 域关系演算

QBE 是 M. M. Zloof 在 1975 年提出来的。开始 QBE 的目的是研究一种非专业的用户可以简单学习和使用的高级语言。QBE 的操作方式是采用二维表格作为用户界面,对数据的操作都在表格中进行。

QBE 语言的特点:

①采用二维表格的用户界面,用户可以直接在表格中操作;

②操作指令简单;

③用户易于掌握,是一种高度非过程化语言。

QBE 包含的操作有:检索操作,更新操作中的插入、删除和修改操作。

几种关系语言的比较见表 2.10。

表 2.10 几种查询语言的比较

查询语言	关系运算类型	发明者	应用范围
ISBL	关系代数	IBM 英国中心	小
QUEL	元组演算	加州大学	较广泛
QBE	域演算	IBM 公司	广泛

第3章

关系数据理论

3.1 函数依赖

3.1.1 各种定义

对于一个关系,即一张二维表来说,由多条元组构成,而每一条元组都包含了多个属性,这些属性之间存在某些约束,用于表现现实世界中各属性间的语义联系。在某一关系中我们可以通过判断属性值的大小关系来验证这一联系,我们将这种约束称为属性间的数据依赖。现实中我们将看到多种依赖关系,比如多值依赖,函数依赖等。其中函数依赖比较常见,也是我们讲解的重点。

在表 3.1 中,我们可以看到属性之间存在的某些内在语义联系:一个课程号只对应一门课程,一门课程只有一个固定学分,因而当课程号确定之后,课程名以及其所修学分也就唯一确定。属性中的这种依赖关系类似于数学中函数的一对一映射关系。因此说 Lno 函数决定 Name 和 Credit,或者说 Name 和 Credit 函数依赖于 Lno,记作 Lno→Name,Lno→Credit。除此之外,我们还可以了解到,每一门课可以由多位老师教授,每一名老师可以教授多门课程,所以课程号与授课老师共同决定了最终的上课时间,记作(Lno,Tname)→Time。

表 3.1 Lesson 表

Lno (课程号)	Name (课程名)	Credit (学分)	Tname (授课老师)	Title (职称)	Time (上课时间)
00001	数据结构	3	张明	副教授	周一第一大节
00001	数据结构	3	王强	教授	周一第三大节
00003	高等数学	6	刘伟	讲师	周一第三大节
00004	英语	5	刘欣	讲师	周五第一大节
00007	管理学	3	赵琳	讲师	周二第二大节
00006	C 语言	2	张明	副教授	周四第三大节

总之,函数依赖简单说就是,关系中某个属性集决定另一个属性集,或称另一属性集依赖于该属性集。下面给出函数依赖(functional dependency)的严格定义:

如果关系 R 的两个元组在某属性集 X 上一致(也就是说,关系中的任意两个元组在这些属性上所对应的各个分量具有相同的值,即 r1[X]=r2[X]),则它们在另一个属性集 Y 上也一致。那么称属性集 X 函数确定 Y 或 Y 函数依赖于 X,记作 X→Y。其中 X 称为决定因素,或函数依赖的左部,Y 称为函数依赖的右部。

根据该概念,在表 3.1 中存在的函数依赖有:Lno→Name,Lno→Credit,Name→Credit,(Lno,Tname)→Time,Tname→Title。

需要注意的是,一个关系的函数依赖需要该关系中的所有实例都满足,而不仅仅是某个或某些关系实例满足。函数依赖只能根据现实世界中数据的语义联系来确定。例如在表 3.1 中,如果允许授课老师重名,那么"Tname→Title"就不能成立,因为可能存在姓名相同的两个教师对应不同的职称。

除此之外函数依赖还可以分成以下不同情况:

1. 平凡函数依赖与非平凡函数依赖

存在函数依赖 X→Y,并且属性集 Y 是 X 的子集,即某属性集函数决定它的所有子集,则称 X→Y 是平凡的函数依赖。

如果存在 X→Y,但是 Y $\nsubseteq$ X,则称 X→Y 是非平凡的函数依赖。

例如,在成绩关系模式(学号,课程号,成绩)中,存在非平凡函数依赖:(学号,课程号)→成绩;平凡函数依赖:(学号,课程号)→学号,(学号,课程号)→课程号。

2. 完全函数依赖与部分函数依赖

对于一个函数依赖 X→Y,如果存在 V $\subseteq$ X(V 是 X 的真子集)且函数依赖 V→Y 成立,则称 Y 部分依赖(partial dependency)于 X;若不存在这样的子集 V,则称 Y 完全依赖(full dependency)于 X。

例如,在选课关系(学号,课程号,成绩)中,只存在完全函数依赖(学号,课程号)→成绩。而在课程关系(课程号,课程名,学分,教师)中,存在函数依赖(课程号,课程名)→学分,课程号→学分,所以(课程号,课程名)→学分是属性学分对于属性集(课程号,课程名)的部分函数依赖。

3. 传递函数依赖

对于函数依赖 X→Y,如果 X 不函数依赖于 Y,而函数依赖 Y→Z 成立,则称 Z 对 X 传递函数依赖(transitive dependency)。

之所以加上条件"X 不函数依赖于 Y",是因为如果 X→Y,Y→X 同时成立,则 X←Y,那么 X→Y,Y→Z 相当于是 X 直接决定 Z,是直接函数依赖而不是传递函数依赖。

例如,在学生关系(学号,班级,导员)关系中,存在学号→班级,班级→导员,所以存在传递函数依赖学号→导员。

3.1.2　码

码是关系模式中的一个重要概念,码可以唯一确定某个元组,下面用函数依赖的概念定义码。

如果一个或多个属性的集合满足以下条件,则称该属性集合为关系 R 的候选码(candidate key):

(1)这些属性函数决定该关系中的所有其他属性。也就是说,R 中不可能同时存在两个不同的元组,而它们在该属性集上的取值完全相同。

(2)该属性集的任何真子集不能函数决定 R 的所有其他属性,也就是说,候选码必须是最小的。

当一个关系中存在多个候选码时,选定其中一个作为主码。我们将包含在任何一个候选码中的属性称为主属性(prime attribute),其余属性称为非主属性(nonprime attribute)或非码属性(non-key attribute),一个候选码所包含的属性的个数没有限制,两种特别的情况是,码只包含一个属性,比如之前在学生关系(学号,班级,导员)中提到的学号,就是只包含单个属性的码,另一种情况是码包含该关系中的所有属性,我们称之为全码(all-key)。

例如,在选课关系模式(学号,课程号,教师)中,一个学生可以选修多门课,某门课可以被多个教师教授。一个学生可以选修某个老师某门课,所以这个关系模式的候选码是(学号,课程号,教师),即全码。

有时在关系模式中存在这样的属性或属性组 X,它并非当前关系模式 R 的候选码,但却是另一个关系模式 S 的候选码,则称 X 为 R 的外部码(foreign key),简称外码。

例如,在成绩关系模式(学号,课程号,成绩)中,候选码是(学号,课程号),学号不是成绩关系模式的候选码,但学号是学生关系模式(学号,班级,导员)的候选码,则学号是成绩关系模式的外码。

3.1.3 推理规则

我们在讨论函数依赖时,有时根据一些已知的函数依赖去推导出另一些函数依赖也成立,比如在学生关系模式(学号,班级,导员)中,我们通过学号→班级,班级→导员,可以得出学号→导员也是成立的,这种问题就属于逻辑蕴涵的范畴,在这里我们需要知道什么是逻辑蕴涵以及由已知的函数依赖如何推导出新的函数依赖。

设在关系模式 R 上存在函数依赖集 F,如果某函数依赖 X→Y(X、Y 是 R 的属性子集),对于该关系模式中的所有关系实例都成立,则称该函数依赖 X→Y 为 F 所逻辑蕴涵。

若从 F 中已知的函数依赖出发能够推出 X→Y,则也可以证明 F 逻辑蕴涵 X→Y,与验证 X→Y 是否在所有的关系实例上成立相比,这种方法简单的多,但是这需要一套推理规则。

根据 Armstrong 公理系统(Armstrong's axiom),对于关系模式 R⟨U,F⟩,其中 U 为该关系中所有属性的集合,F 是 U 上的一组函数依赖,有以下推理原则:

(1)自反律(reflexivity):若 Y⊆X⊆U,则 F 一定逻辑蕴涵 X→Y。

(2)增广律(又称外延性,augmentation):若 F 逻辑蕴涵 X→Y 且 Z⊆U,则 F 逻辑蕴涵 XZ→YZ。

(3)传递律(transitivity):若 F 逻辑蕴涵 X→Y 及 Y→Z,则 F 逻辑蕴涵 X→Z。

注意:由自反律得出的函数依赖均是平凡函数依赖,平凡函数依赖是一定成立的,所以自反律的使用并不依赖于已知函数依赖 F。

Armstrong 公理的三个推论,由 Armstrong 公理可得到下面三个推论:

(1)合并规则(union rule):若 X→Y,X→Z,则 X→YZ,简言之,决定每一部分就决定全部。

(2)分解规则:若 X→Y 且 Z⊆Y,则 X→Z,换句话说就是决定全部必决定每一部分。

(3)伪传递规则(pseudo transitivity rule):若 X→Y,YZ→W,则 XZ→W。

证:

(1)合并规则,已知 X→Z,由增广律知 XY→YZ,又因为 X→Y,可得 XX→XY→YZ,最后根据传递律得 X→YZ。

（2）伪传递规则，已知 X→Y，据增广律得 XZ→YZ，因为 YZ→W，所以 XZ→YZ→W，通过传递律可知 XZ→W。

（3）分解规则，已知 Z 包含于 Y，根据自反律知 Y→Z，又因为 X→Y，所以由传递律可得 X→Z。

根据合并规则和分解规则我们可以得出一个重要结论：$X→A_1, A_2, \cdots, A_k$ 成立的充分条件是每一个 $X→A_i$ 成立 $(i=1, 2, \cdots, k)$。

3.1.4 闭包

基于以上分析，对于一个给定的函数依赖集 F 自然希望知道哪些函数依赖可由 F 推出，哪些不能。所有被 F 逻辑蕴涵的函数依赖的全体或者说可由已知函数依赖 F 推导出的函数依赖的全体组成的集合称为 F 的闭包，记为 F^+。

例如，设关系模式 R⟨U,F⟩，U＝{A, B, C}，F＝{AB→C, C→B} 是 R⟨U,F⟩ 上的一组函数依赖，则 F^+＝{A→A, AB→A, AC→A, ABC→A, B→B, AB→B, BC→B, ABC→B, C→C, AC→C, BC→C, ABC→C, AB→AB, ABC→AB, AC→AC, ABC→AC, BC→BC, ABC→BC, ABC→ABC, AB→C, AB→AC, AB→BC, AB→ABC, C→B, C→BC, AC→B}。

在关系模式 R⟨U,F⟩ 中，设 F 为属性集 U 上的一组函数依赖，X⊆U，那么属性集 X 关于函数依赖 F 的闭包就是根据 F 和 Armstrong 公理系统能推导出的，左部决定因素只有 X 的函数依赖的右部属性组成的集合，用集合的方法表示为 X_F^+＝{A|X→A 能由 F 出发，根据 Armstrong 公理系统导出的所有函数依赖的集合}。

Armstrong 公理提供一整套有效的、完备的推理规则，所谓完备性是指根据它能从已知 F 推导出 F^+ 中的所有函数依赖，所谓有效性就是指从 F 出发不能推出 F^+ 以外的函数依赖。

例如，设有关系模式 R，属性 U＝{A, B, C, D, E}，已知函数依赖 F＝{A→BC, CD→E, B→D, E→A}，则 B_F^+＝{B, D}，A_F^+＝{A, B, C, D, E}。

注意：因为每一个属性或属性组都是它本身的子集，即存在 X⊆X⊆U，根据自反律，所以每个属性或属性组 X 都包含在其关于函数依赖 F 的闭包中。

通过以上分析可得，对于关系模式 R 中的属性子集 X、Y，X→Y 能由 F 根据 Armstrong 公理推导出的充分必要条件是 $Y⊆X_F^+$。

所以，判断 X→Y 是否能由 F 根据 Armstrong 公理导出的问题，就转化为求出 X_F^+，判断 Y 是否是 X_F^+ 的子集的问题。

算法 1　求属性集 X 关于函数依赖 F 的闭包 X_F^+。

输入：属性集 X 和函数依赖集 F。

输出：X 关于 F 的闭包 X_F^+。

分析：由定义可知，要求出包含在 X_F^+ 中的属性 A，需要由 F 经数次使用 Armstrong 公理推出 X→A，并且 A 可具备以下特征：由公理的自反律可知，A 可以是 X 中的属性，根据传递律，A 可以是 F 中某个函数依赖的右部，而该函数依赖的左部属性应属于 X 的闭包。

算法思想：采用逐步扩张 X 的策略求 X 的闭包。

基本方法是：扫描 F，找出左部属性属于当前 X 的闭包的函数依赖，将右部属性加入当前 X 的闭包。经若干次扩张,直到当前闭包集不再扩大为止。

步骤:

(1)令 $X^{(0)}=X,i=0$。

(2)求 $A,A=\{A|V$ 包含于 $X^{(i)},V\rightarrow W\in F,A\in W\}$,$A$ 是由 $X^{(i)}$ 推导出的新的函数依赖的右部属性的集合。

(3)令 $X^{(i+1)}=X^{(i)}\bigcup A$。

(4)若已经没有 $V\rightarrow W\in F$,能使 $X^{(i+1)}\neq X^{(i)}$ 或者 $A=U$ 时,则 $X_F^+=X^{(i)}$,输出 X_F^+,算法结束;否则,令 $i=i+1$,转去执行第(2)步(每次迭代都添加属性到当前闭包,不增加时算法就结束,故至多迭代 $|U|-|X|$ 次算法终止)。

注意:在求属性集闭包的迭代步骤中,对于那些右部加入闭包的函数依赖,不必再考虑。

【例 3-1】 设关系模式 $R\langle U,F\rangle$ 上的函数依赖集为 F,$U=\{A,B,C,D,E,I\}$。$F=\{A\rightarrow D,AB\rightarrow E,BI\rightarrow E,CD\rightarrow I,E\rightarrow C\}$,试计算 $(AE)_F^+$。

解

(1)初始:由算法 1,令 $X^{(0)}=AE,i=0$。

(2)迭代 1:计算 $X^{(1)}$,逐一扫描 F 集合中各个函数依赖,找出左部为 AE 子集,即决定因素是 A 或 E 或 AE 的函数依赖,得到两个 $A\rightarrow D,E\rightarrow C$,则 $X^{(1)}=AE\bigcup DC=ACDE$,因为 $X^{(1)}\neq X^{(0)}$,重复第(2)步。

(3)迭代 2:再找出左部为 $ACDE$ 子集的函数依赖,得到 $CD\rightarrow I$,则 $X^{(2)}=ADCE\bigcup I=ACDEI$。

(4)迭代 2:找出左部为 $ACDEI$ 子集的函数依赖,得到 $X^{(3)}=ACDEI$,发现 $X^{(3)}=X^{(2)}$,所以算法终止,则 $X_F^+=X^{(3)}$,即 $(AE)_F^+=ACDEI$。

3.1.5 最小函数依赖集

在实际应用中,经常需要将一个已知的函数依赖集变换为其他或更简洁的表示形式。例如,需要把一个包含过多属性的关系模式分解为几个小的关系模式,这时就需要将相应的函数依赖也投影到分解后的模式上。这就涉及一个函数依赖集的等价问题。这些概念在关系模式规范化处理中十分重要。

设关系模式上的两个函数依赖集 F 和 G,如果 $F^+=G^+$,则称 F 和 G 等价,记作 $F=G$。

若 $F=G$,则 F 是 G 的一个覆盖,同样 G 是 F 的一个覆盖。等价(覆盖)具有自反性、对称性、传递性。

定理 1 设 G 和 F 是两个函数依赖集,G 和 F 等价的充分必要条件是 $F\subseteq G^+$ 且 $G\subseteq F^+$(即 F 可由 G 推出,G 可由 F 推出)。

以上定理给出了判断两个函数依赖集等价的可行方法,即验证两者是否可以相互推导出。

除了将一个函数依赖集变换成其他等价的形式外,我们还希望可以用更简洁的方式来代替当前的函数依赖集,下面给出最小函数依赖集的概念。

如果函数依赖集满足下列条件,则称 F 为一个极小函数依赖集,或称为最小函数依赖集(minimal cover)。

(1)F 中任一函数依赖的右部只含一个属性,即函数依赖的右部都是单属性。

(2)F 中不存在这样的函数依赖 X→A,使得 F 与 F−{X→A}等价,即在整个函数依赖集中不存在多余的函数依赖。

(3)F 中不存在这样的函数依赖 X→A:X 的真子集 Z,使得(F−{X→A})∪{Z→A}与 F 等价,即函数依赖的左部没有多余的属性。

注意:由定义可知,最小函数依赖集中的函数依赖的右侧只能是单属性,不能存在多余函数依赖,比如存在传递函数依赖 X→Y,Y→Z,我们可以判定 X→Y,Y→Z 与 X→Z 不能同时存在,决定因素不能有多余的属性即不能存在部分函数依赖。F 的极小函数依赖集不一定唯一,当以不同的顺序考察各函数依赖或左部属性时,得到的极小函数依赖集可能不同,总之我们可以将一个函数依赖集转化为其对应的最小函数依赖集来实现更简洁的表示。

例如,对于关系模式 S(Sno,Class,Head,Cno,Score),各属性分别代表学号,班级,导员,课程号,成绩。

F1 = {Sno→Class,Class→ Head,(Sno,Cno)→Score}

F2 = {Sno→Class,Sno→Head,(Sno,Cno)→Score}

F3 = {Sno→Class,Sno→Head,Class→Head,(Sno,Cno)→Score,(Sno,Class)→ Class}

根据最小函数依赖集的定义,可以验证 F1 和 F2 是 F 的最小函数依赖集,而 F3 不是。因为 F3−{Sno→Head}与 F3 等价,F3−{(Sno,Class)→Class}与 F3 等价。

定理 2 每一个函数依赖集 F 均等价于一个极小函数依赖集 F_m。此 F_m 成为 F 的最小函数依赖集。

此定理表明任意函数依赖集都可以极小化。

关于如何求解 F 的最小函数依赖集,有两种思路,第一种假设法。根据 Armstrong 公理系统的三大准则,分别假设某函数依赖多余,如果去掉后仍可由剩余函数依赖关系推导出该函数依赖关系,说明该函数依赖关系多余,反之假设不成立。

该种方法计算量大,更适合判断而不是求解,下面给出求解最小函数依赖的第二种方法,三步求解法。

算法 2 计算函数依赖集 F 的极小依赖集 F',即对 F 进行极小化处理。

输入:一个函数依赖集 F。

输出:F 的一个等价极小依赖集 F'。

步骤:

(1)分解。将右部为多属性的函数依赖分解成单属性函数依赖。将 F 中所有形如 X→$A_1A_2\cdots A_k$(k≥2)的函数依赖用{X→A_i|i=1,2,…,k }取代。

这样每个函数依赖的右部都为单属性,由合并和分解规则可知新的函数依赖集与 F 等价。

(2)去掉多余的函数依赖。从第一个函数依赖 X→Y 开始将其从 F 中去掉,然后在剩下的函数依赖中求 X 的闭包 X^+,看 X^+ 是否包含 Y,若是,则去掉 X→Y;否则不能去掉,依次做下去,直到找不到冗余的函数依赖。

(3)去掉各函数依赖左部多余的属性。注意检查第二步处理后的 F 中左部非单个属性的函数依赖。例如 XY→A,若要判 Y 为多余的,则以 X→A 代替 XY→A,判断替换后的函数依赖集是否与替换前的函数依赖集等价。若等价,则 Y 是多余属性,可以去掉。一个简单的判断方法就是,判断左部属性之间是否存在逻辑蕴涵关系,比如对于函数依赖 XY→A,如果在函数依赖集中存在 X→Y,则属性 Y 一定是多余的。可以用 X→A 代替 XY→A。

【例 3-2】 已知关系模式 R⟨U,F⟩,U={A,B,C,D,E,G},F={AB→C,D→EG,C→A,BE→C,BC→D,CG→BD,ACD→B,CE→AG},求 F 的最小函数依赖集。

解 1 利用三步求解法求解,使得其满足三个条件:

(1)利用分解规则,将所有的函数依赖变成右边只包含单属性的函数依赖。

得 F 为:F1={AB→C,D→E,D→G,C→A,BE→C,BC→D,CG→B,CG→D,ACD→B,CE→A,CE→G}。

(2)去掉 F 中多余的函数依赖。

①设 AB→C 为冗余的函数依赖,则去掉 AB→C,得:F1={D→E,D→G,C→A,BE→C,BC→D,CG→B,CG→D,ACD→B,CE→A,CE→G},计算 $(AB)_{F1}^+$:设 $X^{(0)}$=AB,计算 $X^{(1)}$:扫描 F1 中各个函数依赖,找到左部为 AB 或 AB 子集的函数依赖,因为找不到这样的函数依赖。故有 $X^{(1)}=X^{(0)}$=AB,算法终止。$(AB)_{F1}^+$ = AB 不包含 C,故 AB→C 不是冗余的函数依赖,不能从 F1 中去掉。

②设 CG→B 为冗余的函数依赖,则去掉 CG→B,得:F2={AB→C,D→E,D→G,C→A,BE→C,BC→D,CG→D,ACD→B,CE→A,CE→G},计算 $(CG)_{F2}^+$=ABCDEG,因为 $X^{(3)}$=U,算法终止。$(CG)_{F2}^+$=ABCDEG 包含 B,故 CG→B 是冗余的函数依赖,从 F2 中去掉。

③设 CG→D 为冗余的函数依赖,则去掉 CG→D,得:F3={AB→C,D→E,D→G,C→A,BE→C,BC→D,ACD→B,CE→A,CE→G},计算 $(CG)_{F3}^+$=ACG 不包含 D,故 CG→D 不是冗余的函数依赖,不能从 F3 中去掉。

④设 CE→A 为冗余的函数依赖,则去掉 CE→A,得:F4={AB→C,D→E,D→G,C→A,BE→C,BC→D,CG→D,ACD→B,CE→G},计算 $(CG)_{F4}^+$=ABCDEG 包含 A,故 CE→A 是冗余的函数依赖,从 F4 中去掉。

第二步得到 F4={AB→C,D→E,D→G,C→A,BE→C,BC→D,CG→D,ACD→B,CE→G}。

(3)去掉 F4 中各函数依赖左边多余的属性(只检查左部不是单个属性的函数依赖)。由于 C→A,函数依赖 ACD→B 中的属性 A 是多余的,去掉 A 得 CD→B。故最小函数依赖集为:G={AB→C,D→E,D→G,C→A,BE→C,BC→D,CG→D,CD→B,CE→G}。

解 2 假设法,利用 Armstrong 公理系统的推理规则求解。

(1)假设 CG→B 为冗余的函数依赖,那么,从 F 中去掉它后仍然能根据 Armstrong 公理系统的推理规则导出。

因为 CG→D(已知),所以 CGA→AD,CGA→ACD(增广律);

因为 ACD→B(已知),所以 CGA→B(传递律);

因为 C→A(已知),所以 CG→B(伪传递律),故 CG→B 是冗余的。

（2）同理可证：CE→A 是多余的。

（3）又因 C→A，可知函数依赖 ACD→B 中的属性 A 是多余的，去掉 A 得 CD→B。故最小函数依赖集为：F＝{AB→C,D→E,D→G,C→A,BE→C,BC→D,CG→D,CD→B,CE→G}。

3.2 范式

3.2.1 第一范式（1NF）

所谓范式就是符合某些规范的关系模式的集合。关系数据库中的关系模式必须满足一定的要求，满足不同程度的要求的模式属于不同的范式。目前主要有 6 种范式：第一范式、第二范式、第三范式、BC 范式、第四范式、第五范式。第一范式需满足的要求最低，在第一范式基础上满足进一步要求为第二范式，其余以此类推。各级范式之间存在如下关系：5NF⊆4NF⊆BCNF⊆3NF⊆2NF⊆1NF。

本章我们将详细讲解第一范式到 BC 范式，至于第四范式和第五范式，涉及到多值依赖与连接依赖的概念，在此没有详细讨论，鼓励有兴趣的同学参阅有关书籍。

属于第一范式（First Normal Form）的关系模式 R 必须满足，每个属性的值域都是不可分的简单数据项（即是原子）的集合，记作 R∈1NF。

第一范式主要判断数据存放在数据库中。任何合理的关系数据库都会自动强行获得第一范式中需要具备的大多数特性。可以添加几个额外的特性以使数据库更有用，通常这些规则都是很基本的。实际应用中 1NF 的正式限定条件如下：

①每个列必须有一个唯一的名称；
②行和列的次序无关紧要；
③每一列都必须有单个数据类型；
④不允许包含同样值的两行；
⑤每一列都必须包含一个单值；
⑥列不能包含重复的组。

不满足 1NF 的关系称为非规范化的关系，反之称为规范化的关系。在任何一个关系数据库系统中，关系至少应该是第一范式。不满足第一范式的数据库模式不能称为关系数据库。在以后的讨论中，我们假定所有关系模式都符合 1NF。但注意，第一范式不能排除数据冗余和异常情况的发生。

例：如表 3.2 描述的学生选课情况。

表 3.2 学生选课关系

学号	课程	学期
0001	计算机基础、高数	1
0002	数据库、数据结构	3
0003	管理学、专业英语	2

表 3.2 描述的学生选课关系不是 1NF，因为课程一列包含多门课，不是原子值。

表 3.3 将课程一列表示为原子值之后所示的学生选课关系就是 1NF。

表 3.3　学生选课关系

学号	课程	学期
0001	计算机基础	1
0001	高数	1
0002	数据库	3
0002	数据结构	3
0003	管理学	2
0003	专业英语	2

3.2.2　第二范式(2NF)

当符合第一范式的关系的所有非主属性均完全函数依赖于所有的码,即不存在对于码的部分属性的函数依赖时,该关系符合第二范式。

第二范式要求实体的非主属性完全函数依赖于码。不允许关系模式中的非主属性部分函数依赖于码,如果存在,那么这个属性和码的这一部分应该分离出来形成一个新的实体,新实体与原实体之间是一对多的关系。

注意,当一个关系满足第二范式时,我们可以确定非主属性对所有码的函数依赖都是完全函数依赖,但是并不能确定该函数依赖集中只存在非主属性对码的函数依赖,还可能存在非主属性对于其他非主属性的函数依赖关系,这一问题将在第三范式中得到解决。

例:判断学生关系模式 S(Sno,Cno,Grade,Score)是否属于第二范式,该关系模式的候选码是(Sno,Cno),函数依赖有(Sno,Cno)→Score,Sno→Grade,所以 Grade 部分依赖于码(Sno,Cno),所以 S 不属于第二范式。

3.2.3　第三范式(3NF)

如果想要满足第三范式,那么必须先满足第二范式,并且不包含非主属性对码的传递函数依赖。

根据以上定义可知,在第三范式中,我们排除了一个非主属性对于另一个非主属性的函数依赖。假设在某关系中存在以下函数依赖 X→Y,Y→Z(其中 X 为码,Z 为非主属性),首先,因为该模式满足第二范式所以 Y 不可能是 X 的子集,否则 Z 就部分函数依赖于 X,如果 Y 为另外一个候选码时,因为 Y→X 也成立,所以 X→Y,Y→Z 其实是 Z 对于码 X 的直接函数依赖而不是传递函数依赖,所以第三范式排除的情况一定是在 Y 是非主属性下的传递函数依赖,所以我们可以排除非主属性对于另外非主属性的函数依赖。当一个关系模式的属性都是主属性时,我们可以判断该关系模式一定满足第三范式,因为没有非主属性存在,也不可能存在非主属性对码的任何函数依赖。

3NF 有一个优点,即总可以在满足无损连接性并保持函数依赖的前提下得到 3NF 设计。但是 3NF 也有一个缺点,即如果没有消除所有的传递依赖,必须用空值表示数据的某些有意义的联系。此外,3NF 还存在信息重复的问题。

许多数据库设计人员止步于将数据库规范化为 3NF,因为它提供了最高的性价比。将数据库转化为 3NF 较为容易,并且这种级别的规范化可以防止最常见的数据异常。但是数据库仍然会出现一些不常见的异常,这些异常可以通过进一步的规范化来避免,但另一方面,这些更高级别的规范化也存在难以理解,不宜实现等问题,有时甚至会降低数据库的性能,所以在设计关系模式时保留适当的冗余也是必要的。

到此为止,我们的讨论集中在非主属性对于码的函数依赖上,比如第二范式排除了非主属性对于码的部分函数依赖,第三范式排除了非主属性对于码的传递函数依赖,对于主属性与不包含它的码的函数依赖关系尚未涉及。

3.2.4 BC 范式(BCNF)

BC 范式是由 Boyce 与 Codd 提出的,比上述的 3NF 又进了一步,符合 BCNF 的表一定符合 3NF,并且每个决定因素都是一个候选码。

也就是说关系模式 R 中,若每一个决定因素都包含码,则 R∈BCNF。根据 BCNF 的定义可排除任何属性对码的传递函数依赖和部分函数依赖。具体来说有以下特点:

①所有非主属性都完全函数依赖于每个候选码;

②所有主属性都完全函数依赖于每个不包含它的候选码;

③没有任何属性完全函数依赖于非候选码的任何一组属性。

当关系满足第三范式时,已经排除了非主属性对于码的传递函数依赖和部分函数依赖,当所有决定因素必须是码时,所有的函数依赖的决定因素只能是码,也就不可能存在主属性对码的部分函数依赖和传递函数依赖。

例如,学生关系模式 S(学号,姓名,班级,年龄),假设姓名也具有唯一性,那么学生关系就有两个候选码学号或姓名,这两个码都由单个属性组成,彼此不相交。该关系模式中存在的函数依赖包括,学号→班级,姓名→班级,学号→年龄,姓名→年龄,非主属性不存在对码的传递依赖和部分依赖,所以 S∈3NF,同时所有的决定因素都是候选码,所以 S 也属于BCNF。

3.2.5 存在问题

在本章开篇我们建立了表 Lesson(Lno,Name,Credit,Tname,Title,Time),用于存储与课程相关的信息,但是在对该表进行操作时,我们会发现如下问题:

1.数据冗余,浪费空间

每一个课程的课程名和学分重复出现,重复次数与该课程的所有上课时间出现的次数相同,同时每一名教师的职称信息也将重复存储,如表 3.1 所示,这将浪费大量的存储空间。

2.更新异常

由于数据冗余,当更新数据库中的数据时,系统要付出更大的代价来维护数据库的完整性,否则会面临数据不一致的危险。比如,某门课更新了学分后,必须修改与该门课程有关的每一个元组,某位老师职称改变时也将修改所有与该教师相关的元组。

3.插入异常

因为主码不能为空,所以当一门课刚刚开设,尚未确定授课教师,就无法把这门课的学分等基本信息存入数据库。

4.删除异常

如果某门课暂停开设,在删除该课程信息的同时,教授该门课的教师的职称信息也将被删除。

鉴于存在以上问题,我们可以得出这样的结论:Lesson 关系模式不是一个好的模式。一个好的关系模式应当不会发生插入异常、删除异常、更新异常,数据冗余也应尽可能少。如果把这个单一的模式改造一下,分解成 3 个关系模式:

L(Lno,Name,Credit,Lno→Name,Lno→Credit,Name→Credit)

LT(Lno,Tname,Time,(Lno,Tname)→Time)

T(Tname,Title,Tno→Title)

我们会发现这 3 个关系模式都不会发生插入异常、删除异常、更新异常的问题,数据冗余也得到了控制。但是我们需要明确的问题是,并不是关系模式的范式越高越好,存在必要的数据冗余可以减少数据库表之间的连接操作,提高数据库的性能。

3.3 分解

3.3.1 分解原则

为提高规范化程度,往往通过把低一级的关系模式分解成若干个高一级的关系模式来实现。这样的分解使各关系模式达到某种程度的分离,让一个关系模式描述一类实体或实体间的一种联系。

对于同一关系模式可能有多种分解方案,但是不当的分解可能会导致另一种不好的设计,所以对关系模式中的众多属性进行分解的时候,应该注意什么,如何判断不同分解方式的优劣,这就涉及分解的概念和原则。

一般一个关系模式 R⟨U,F⟩(U 表示整个属性集,F 为该关系模式的函数依赖集)的分解可以表示为 $\rho = \{R_1\langle U_1,F_1\rangle, R_2\langle U_2,F_2\rangle, \cdots, R_n\langle U_n,F_n\rangle\}$,其中包括了数据的分解 $U = U_1 \bigcup U_2 \bigcup \cdots \bigcup U_n$(没有 U_i 包含于 U_j,$1 \leqslant i,j \leqslant n$)以及与该数据相关的函数依赖的分解 F_i,F_i 是 F 在 U_i 上的投影。

所谓"F_i 是 F 在 U_i 上的投影"可以理解为原关系模式 F 的子集,即当前分解得到的新关系模式 R_i 包含的函数依赖的集合。

把低一级的关系模式分解为若干个高一级的关系模式的方法并不是唯一的,但是必须能够保证分解后的关系模式与原关系模式等价,其中数据分解和函数依赖分解分别对应数据等价与函数依赖等价。具体涉及三个原则:分解具有"无损连接性",分解保持函数依赖和消除数据冗余。

1. 分解具有"无损连接性"

当对关系模式 R 的属性集进行分解后,R 中每条元组的值在相应属性集上的投影将产生新的关系。如果对新的关系进行自然连接得到的元组的集合与原关系中包含的元组完全一致,则称该分解具有无损连接性(lossless join)。

无损连接性反映了模式分解的数据等价原则,分解之后得到的新关系可以通过自然连接无损失也无增加的还原原有关系中的数据。无损失是指具有无损连接性的分解保证不丢失信息,即分解后的多个关系再自然连接得到的新关系不能丢失信息。无增加是指自然连接后的关系不会增加任何元组。实际上,自然连接后的关系一般不会缺失任何元组,但常常会多出一些元组,因与原来的关系不等价,所以是有损的。同时具有无损连接性的分解不一定能解决插入异常、删除异常、更新异常、数据冗余等问题。

2. 分解保持函数依赖

当对关系模式 R 进行分解时,除了数据分解,还包括 R 的函数依赖集的分解。如果分解后的函数依赖集与原函数依赖集保持一致,既无增加也无减少,则称为分解保持函数依赖(Preserve Dependency)。

保持函数依赖反映了模式分解的函数依赖等价原则。根据最小函数依赖集的知识,我们可以确定分解后的各函数依赖集的并集应该至少是包含原来函数依赖集对应的最小函数依赖集,才能保证函数依赖等价。函数依赖等价保证了分解后的模式与原有的模式在数据语义上的一致性。当对数据库进行操作,尤其是进行数据库更新时,系统应该检查更新操作,保证不会产生非法关系,即不满足所有给定函数依赖的关系,要做到有效检查,就必须实现在不做连接的情况下实现对更新正确性的确认。

3. 消除数据冗余

通过模式分解之后,比如将本章开篇提到的关系模式 Lesson(Lno,Name,Credit,Tname,Title,Time)分解成课程信息 L(Lno,Name,Credit),教师信息 T(Tname,Title),上课信息 LT(Lno,Tname,Time),我们可以发现原来在 Lesson 表中存在的学分信息和教师职称的重复存储情况消失了。消除冗余的分解正是我们所希望的,消除冗余的程度可用前面讲过的范式级别来表示。

例如,在学生关系模式 S(Sno,Class,Head)中,Sno 表示学号,Class 表示班级,Head 表示导员,存在如下函数依赖 F = { Sno→Class, Class→Head, Sno→Head },由此可知 S∈2NF,分解方法可以有多种:

(1)S 分解为 3 个关系模式:SN(Sno),SC(Class),SH(Head)。

(2)S 分解为 2 个关系模式:NH(Sno, Head),CH(Class, Head)。

(3)S 分解为 2 个关系模式:NC(Sno, Class),NH(Sno, Head)。

(4)S 分解为 2 个关系模式:NC(Sno, Class),CH(Class, Head)。

分析以上四种分解方法可知:

第(1)种分解方法完全没有保持原关系中的数据依赖和函数依赖,该种分解方法既不具有无损连接性,也未保持函数依赖。

第(2)种分解方法,丢失了函数依赖 Sno→Class。同时自然连接后会多出元组,存在数据冗余和操作异常。所以,该种分解方法未保持函数依赖,也不具有无损连接性。

第(3)种分解方法得到的新关系在自然连接后可以还原 S 的元组,但是丢失了函数依赖 Class→Head。所以,该种分解方法具有无损连接性,但未保持函数依赖。

第(4)种分解方法得到的关系在自然连接后可以无损失无增加的还原原有数据,具有无损连接性,同时分别保留了 Sno→Class, Class→Head 两个函数依赖,由这两个函数依赖可以推出 Sno→Head,所以该分解保持了函数依赖。

如果一个分解具有无损连接性,则它能够保证不丢失信息。如果一个分解保持了函数依赖,则它可以减轻或解决各种异常情况。分解具有无损连接性和分解保持函数依赖是两个互相独立的标准。具有无损连接性的分解不一定能够保持函数依赖,同样,保持函数依赖的分解也不一定具有无损连接性。

3.3.2　无损连接性

从上一节无损连接性的定义中可知,若直接根据定义来判断某个分解是否具有无损连接性,那么就得对分解中每一个满足 F 的关系模式进行测试,看是否满足上面的条件,这显然不可操作,因为对分解中每一个满足 F 的关系模式进行测试就意味着对分解得到的所有满足 F 的关系模式的所有元组进行测试,这显然是不现实的。这里所说的"关系模式"指一张具体二维表。

因此,必须寻求其他的可操作性方法来判别分解的无损连接性。下面给出两种方法判断关系分解的无损连接性。

算法 3　判断一个二元分解的无损连接性。

输入:$R\langle U,F\rangle$ 的一个分解 $\rho=\{R_1\langle U_1,F_1\rangle,R_2\langle U_2,F_2\rangle\}$。

输出:ρ 是否为无损连接的判定结果。

步骤:

对于 $R\langle U,F\rangle$ 的一个分解 $\rho=\{R_1\langle U_1\rangle,R_2\langle U_2\rangle\}$,若 F^+ 中至少满足以下函数依赖中的一个则 $\rho=\{R_1\langle U_1\rangle,R_2\langle U_2\rangle\}$ 是 R 的无损分解:

(1)$(U_1\bigcap U_2)\rightarrow U_1-U_2$;

(2)$(U_1\bigcap U_2)\rightarrow U_2-U_1$。

例:模式 S(Sno,Class,Head),F={Sno→Class,Class→Head,Sno→Head},分解为 2 个模式:NC(Sno,Class),NH(Sno,Head),(NC∩NH)=Sno,U_1-U_2=Class,因为 Sno→Class,所以该分解具有无损连接性。

例:关系模式 R(U,F),其中 U={W,X,Y,Z},F={WX→Y,W→X,X→Z,Y→W},判断以下分解是否为无损分解。

$\rho1=\{R_1(WY),R_2(XZ)\}$,$R_1\bigcap R_2$ 为空,肯定不满足条件。

$\rho3=\{R_1(WXY),R_2(XZ)\}$,$R_1\bigcap R_2=\{X\}$,$R_1-R_2=\{WY\}$,$R_2-R_1=\{Z\}$,根据函数依赖集,X→Z 成立,所以 $\rho3$ 具有无损连接。

以上算法仅适用于分解得到两个关系模式的的情况。除了处理二元分解的简单方法外,还有一种更具有普遍意义的方法,适用于多元分解。

算法 4　判断任一分解的无损连接性。

输入:$R\langle U,F\rangle$ 的一个分解 $\rho=\{R_1\langle U_1,F_1\rangle,R_2\langle U_2,F_2\rangle,\cdots,R_k\langle U_k,F_k\rangle\}$。

输出:ρ 是否具有无损连接性的判定结果。

步骤:

(1)构造一张 k 行 n 列的表格。

第 i 行对应关系模式 $R_i(1\leqslant i\leqslant k)$,第 j 列对应属性 $A_j(1\leqslant j\leqslant n)$;若 $A_j\in U_i$,则在第 i 行第 j 列处写入 aj,否则写入 bij。

(2)逐个检查 F 中的函数依赖,并修改表中的元素。

把表格看成模式 R 的一个关系,反复检查 F 中每个函数依赖在表格中是否成立,若不成立,则修改表格中的元素。

修改规则为:对于 F 中一个函数依赖:X→Y,如果表格中有两行在 X 分量上相等,在 Y 分量上不相等,那么把这两行在 Y 分量上改成相等。如果 Y 的分量中有一个是 aj,那么另一个也改成 aj,如果没有 aj,那么用其中的一个 bij 替换另一个(尽量把 ij 改成较小的数,即取 i 值较小的那个)。

(3)判别。若在修改的过程中,发现表格中有一行全是 a,即 a1,a2,…,an,那么可立即断定 ρ 相对于 F 是无损连接分解,此时不必再继续修改。否则,比较本次修改前后的表有无变化,若有,重复第(2)步。若无,算法终止,此时 ρ 不是无损分解。特别要注意,这里有个循环反复修改的过程,因为一次修改可能导致表格不能继续修改。

修改过程中要特别注意,若某个 bij 被改动,那么它所在列的所有 bij 都需要做相应的改动。为了明确这一点,举例说明。例如,我们根据函数依赖"H→J"、"K→L"来修改表格之前时的表格如表 3.4 所示(已经过多次修改,非初始表)。

表 3.4 根据函数依赖修改前的表格(非初级表)

	H	I	J	K	L
R_1			b13		b35
R_2	a1		a3	a4	b25
R_3	a1		b13	a4	b35
R_4			b43		b35

R_2、R_3 所在行的 H 分量都为 a1,根据函数依赖"H→J",需要修改这两行对应的 J 分量,而 R_2 所在行的 J 分量为 a3,因此,要将 R3 所在行的 J 分量 b13 修改为 a3,注意到,R_1、R_4 所在行的 J 分量也为 b13,因此,这两行对应的 J 分量也必须修改为 a3。R_2、R_3 所在行的 K 分量都为 a4,根据函数依赖"K→L",需要修改这两行对应的 L 分量,于是将 R3 所在行的 L 分量 b35 修改为较小的 b25,同时注意到,R_1、R_4 所在行的 L 分量也为 b35,因此,这两行对应的 L 分量也必须修改为 b25。修改后的表格如表 3.5 所示(只显示改动部分)。

表 3.5 根据函数依赖修改后的表格

	H	I	J	K	L
R_1			a3		b25
R_2	a1		a3	a4	b25
R_3	a1		a3	a4	b25
R_4			a3		b25

例:设关系模式 R(ABCDE),F = {AB→C,C→D,D→E},R 分解成 ρ = {R_1(ABC), R_2(CD),R_3(DE)},那么 ρ 相对于 F 是否无损分解。

（1）建立初始表：

表 3.6　初始表

	A	B	C	D	E
R_1	a1	a2	a3	b14	b15
R_2	b21	b22	a3	a4	b25
R_3	b31	b32	b33	a4	a5

（2）根据算法 3 可得最后的结果见表 3.7。

表 3.7　最终表

	A	B	C	D	E
R_1	a1	a2	a3	a4	a5
R_2	b21	b22	a3	a4	a5
R_3	b31	b32	b33	a4	a5

（3）第一行全部为 a 所以 ρ 相对于 F 是无损分解。

例：$R(A,B,C)$，$F=\{A\rightarrow B,C\rightarrow B\}$ 分解 ρ1＝$\{R_1(A,B),R_2(A,C)\}$，分解 ρ2＝$\{R_1(A,B),R_2(B,C)\}$，分析两种分解的无损连接性。

分解 ρ1＝$\{R_1(A,B),R_2(A,C)\}$，见表 3.8。

表 3.8　分解 1 的表格

ρ1	A	B	C
AB	a1	a2	
AC	a1	a2	a3

分解 ρ2＝$\{R_1(A,B),R_2(B,C)\}$，见表 3.9。

表 3.9　分解 2 的表格

ρ2	A	B	C
AB	a1	a2	
BC		a2	a3

由上述方法可得，分解 ρ1 只具有无损连接性，分解 ρ2 不具有无损连接性。

3.3.3　模式分解

了解了如何判断模式分解是否保持了函数依赖和无损连接性之后，我们将学习如何利用分解的方法对一个存在问题的关系模式进行优化，得到更优的范式级别，并且使分解保持以上两种特性。

算法 5(合成法)　分解关系模式为保持函数依赖的 3NF。

输入:关系模式 R⟨U,F⟩。

输出:R 的一个分解 ρ={R₁,R₂,⋯,Rₖ},每个 Rᵢ 均为 3NF,且 ρ 保持函数依赖。

步骤:

(1)对关系模式 R 中的函数依赖集 F 进行"极小化"处理,处理后的函数依赖集仍记为 F。

(2)若有最小函数依赖集 F 中所有的函数依赖 $X_i \to A_i \in F$,对于每一个函数依赖 F_i,令 $U_i = X_i \cup A_i$,则 $R_i = U_i$,则获得的分解 ρ={R₁⟨U₁,F₁⟩,R₂⟨U₂,F₂⟩⋯,Rₙ⟨Uₙ,Fₙ⟩}。如果 $U_1 \cup U_2 \cup \cdots \cup U_n = R$,则算法终止,否则进入下一步。

(3)找出不在最小函数依赖集 F 中出现的属性,将它们单独构成一个关系模式。

注意:在第二步时,可以对函数依赖集按具有相同左部的原则分组(假定分为 k 组),每一组函数依赖 F_i 所涉及的全部属性形成一个属性集 U_i,构成一个新的关系。若 $U_i \subseteq U_j$ (i≠j),就去掉 U_i。于是 ρ={R₁⟨U₁,F₁⟩,R₂⟨U₂,F₂⟩,⋯,Rₖ⟨Uₖ,Fₖ⟩} 构成 R⟨U,F⟩ 的一个保持函数依赖的分解,并且每个 Rᵢ(Uᵢ,Fᵢ) 均属于 3NF 且保持函数依赖。

算法 6　转换为 3NF 既有无损连接性又保持函数依赖的分解。

输入:关系模式 R⟨U,F⟩。

输出:R 的一个分解 ρ={R₁,R₂,⋯,Rₚ},每个 Rᵢ 均为 3NF,且 ρ 既保持函数依赖又具有无损连接性。

步骤:

(1)对关系模式 R 中的函数依赖集 F 进行"极小化"处理,然后把最小依赖集中那些左部相同的函数依赖用合并性合并起来,处理后的函数依赖集仍记为 F。

(2)对 F 中的每一个函数依赖 X→Y,构成一个关系模式 Rᵢ(X,Y),Rᵢ 为 3NF,ρ={R₁, R₂,⋯,Rₙ}。

(3)如果每个 Rᵢ 不包含 R 的候选键,那么把候选键作为一个模式放入 ρ 中。ρ 即为所求。

注意,将一个关系模式转换为 3NF 既有无损连接性又保持函数依赖的分解,完全可以在算法 5 的基础上进行改进,在算法 5 结束之后我们得到保持了函数依赖且满足 3NF 的分解,之后判断该分解是否具有无损连接性,如果满足无损连接性则算法终止,否则就把候选键作为一个关系模式放入 ρ 中。

【例 3 - 3】　设有关系 R(F,G,H,I,J),F={F→I,J→I,I→G,GH→I,IH→F},将其分解为 3NF,并具有无损连接性和保持依赖性。

解　找出候选码为 HJ 且 HJ 是唯一的候选键。

(1)求出最小依赖集。

$$F_{min} = F = \{F \to I, J \to I, I \to G, GH \to I, IH \to F\}$$

(2)按 F 中 X → Y 的函数依赖关系,将关系模式分解为

$$\rho = \{R_1(FI), R_2(JI), R_3(IG), R_4(GHI), R_5(IHF)\}$$

(3)判断该分解是否满足无损连接。如果满足,算法结束,否则进入第 4 步。

(4)ρ 并上候选键。

$$\rho = \{R_1(FI), R_2(JI), R_3(IG), R_4(GHI), R_5(IHF), R_6(HJ)\}$$

在模式分解中,若要求分解保持函数依赖,那么分解总可以达到3NF,但不一定能达到BCNF。若要求分解既保持函数依赖,又具有无损连接性,可以达到3NF,但不一定能达到BCNF。

【例3-4】 设有关系模式 R(A,B,C,D,E,F),其函数依赖集为:F={E→D,C→B,CE→F,B→A}。请回答如下问题:

(1)指出 R 的所有候选码并说明原因。

(2)R 最高属于第几范式,为什么?

(3)分解 R 为3NF。

解 (1)可知 A、B、D、F 四个属性都可以由其他属性推导出,所以均不是决定因素,所以只有 C 和 E 有可能构成该关系模式的码,而 C、E 之间没有函数依赖关系,且根据已知的函数依赖可知,CE→ABCDEF,所以 R 的码是 CE。

(2)由于 D 部分依赖于主键 CE,A、B 部分依赖于主键 CE,所以 R 最高属于1NF。

(3)将一个不满足 2NF 的关系模式分解成 3NF,总的原则是将满足范式要求的函数依赖中包含的属性分解为一个关系模式,将不满足范式要求的函数依赖中所包含的属性分别分解为多个关系模式。首先将 R 分解为 2NF,分解如下:

> R1(E,D),R2(C,B,A),R3(C,E,F)

上述三个模式中,R1,R3 都已经属于 3NF,但在 R2 中,A 传递依赖于 C,故应该继续分解为 3NF,分解如下:

> R21(C,B),R22(B,A)

将 R 分解为 R1,R21,R22,R3 四个模式后,都属于 3NF。

规范化是重新安排数据库的表设计以防范某些类型的数据异常的过程。不同级别的规范化可以防止不同类型的错误。一般当我们遇到冗余问题时就会选择分解它,所以说关系模式的规范化过程实际上是一个分解过程:把逻辑上独立的信息放在独立的关系模式中。

一个关系模式的分解可以得到不同关系模式集合,也就是说分解方法不是唯一的。但是我们的要求一般就是保持函数依赖,具有无损连接性和达到所需范式。需要注意的是,最小冗余的要求必须以分解后的数据库能够表达原来数据库的所有信息为前提。其根本目标是节省存储空间,避免数据不一致性,提高对关系的操作效率,同时满足应用需求。实际上,并不一定要求全部模式都达到 BCNF 不可。有时故意保留部分冗余可能更方便数据查询。尤其对于那些更新频度不高,查询频度极高的数据库系统更是如此。

数据库设计者在进行关系数据库设计时,应作权衡,尽可能使数据库的关系模式保持最好的特性。一般尽可能设计成 BCNF 模式集,如果设计成 BCNF 模式集时达不到保持函数依赖的特点,那么只能降低要求,设计成 3NF 模式集,以求达到保持函数依赖和无损分解的特点。

第4章

SQL 语言

4.1 SQL 概述

4.1.1 SQL 发展历程

SQL(Structured Query Language)即结构化查询语言是关系数据库的标准语言,由于 SQL 语言功能丰富,语言简洁,因此被用户和业界所接受,并成为国际标准。当然 SQL 的发展历程也是相当漫长和曲折的,以下是 SQL 的发展历程:

(1)1970 年:E. F. Codd 发表了关系数据库理论;

(2)1974 年:IBM 以 Codd 的理论为基础发表了"Sequel",并重命名为"结构化查询语言";

(3)1979 年:Oracle 发布了商业版结构化查询语言;

(4)1981~1984 年:出现了其他商业版本的结构化查询语言,分别来自 IBM(DB2),Data General,Relational Technology(INGRES);

(5)结构化查询语言/86:ANSI 和 ISO 的第一个标准;

(6)结构化查询语言/89:增强了引用完整性;

(7)结构化查询语言/92:被数据库管理系统生产商广泛接受;

(8)1997 年:成为动态网站的后台支持;

(9)结构化查询语言/2003:包含了 XML 相关内容,自动生成列值;

(10)结构化查询语言/2006:定义了结构化查询语言与 XML(包含 XQuery)的关联应用;

(11)2006 年:Sun 公司将以结构化查询语言为基础的数据库管理系统嵌入 Java V6 之中。

4.1.2 SQL 体系结构

下面首先给出一个 SQL Server 2008 的体系结构截图,如图 4.1 所示。

SQL 体系结构的主要组成部分。

1. 事务日志和数据库文件

数据库和事务日志文件的体系结构自发布以来并未改变。事务日志用于确保所有提交的事务在数据库中持久保存并可恢复。事务日志是预写式(write-ahead)日志。在对 SQL Server 中的数据库作出更改时,记录首先写入事务日志,然后,在检查点或其他时间,日志数据被快速传送到数据文件。这就是我们在一个长时间运行的事务中看到事务日志显著增长的原因。数据库由多个文件组构成,每个文件组可能包含一个或多个物理数据文件。

图 4.1 SQL Server 2008 体系结构部分图

文件组用于对文件集合的简化和管理工作。

2. SQL Native Client

SQL Native Client 是 SQL Server 2008 自带的一种数据访问方法,由 OLE DB 和 ODBC 用于访问 SQL Server。它通过将 OLE DB 和 ODBC 库组合成一种访问方法,简化了对 SQL Server 的访问。这种访问类型展示了 SQL Server 的一些新功能。

- 数据库镜像;
- 多活动记录集(Multiple Active Record Set,MARS);
- 快照隔离;
- 查询通知;
- XML 数据类型支持;
- 用户定义的数据类型(User-defined Data Type,UDT)(加密,执行异步操作,使用大型值类型,执行批量复制操作,表值参数,大型 CLR 用户定义类型);
- 密码过期。

可以在其他数据层(如 Microsoft Data Access Component,MDAC)中使用这些新功能中的一部分,但需要做更多的工作。

3. 系统数据库

SQL Server 中的系统数据库很重要,通常情况下我们不能修改它们。唯一例外的是 model 数据库,它允许部署更改(如存储过程)到任何新创建的数据库。特别强调一点:如果系统数据库被篡改或破坏,那么 SQL Server 将不能启动。因为它包含了 SQL Server 保持联机所需的所有存储过程和表。

(1)resource 数据库。SQL Server 2005 中添加了 resource 数据库。这个数据库包含了 SQL Server 运行所需的所有只读的关键系统表、元数据以及存储过程。它不包含有关用户实例或数据库的任何信息,因为它只在安装新服务补丁时被写入。resource 数据库还包含了其他数据库逻辑引用的所有物理表和存储过程。

在 SQL Server 2000 中,升级到新的服务补丁时,需要运行很多和很长的脚本,以删除并重新创建系统对象。这个过程需要很长时间,且新创建的环境不能回滚到安装服务补丁前的版本。在 SQL Server 2008 中,升级到新服务补丁或快速修正时,将使用 resource 数据库的副本覆盖旧数据库。这使得用户可以快速升级 SQL Server 目录,还可以回滚到前一个版本。通过 Management Studio 无法看到 resource 数据库,且永远不应修改它,除非 Microsoft 产品支持服务(Microsoft Product Support Services,PSS)指导用户进行修改。

(2)master 数据库。master 数据库包含有关数据库实例范围的元数据(数据库配置和文件位置)、登录以及有关实例的配置信息。如果这个重要的数据库丢失,那么 SQL Server 将不能启动。resource 数据库和 master 数据库之间的区别在于 master 数据库是用来保存用户实例特定的数据库,而 resource 数据库是用来保存运行用户实例所需的架构和存储过程的数据库。在创建新的数据库、添加登录名或是更改服务器配置后,都应备份 master 数据库。

(3)tempdb 数据库。tempdb 数据库类似操作系统的分页文件。它用于存储用户创建的临时对象、数据库引擎需要的临时对象和行运行版本信息。tempdb 数据库是在每次重启 SQL Server 时创建的。当 SQL Server 停止运行时,该数据库将重新创建其原始大小。由于数据库每次都重新创建,因此没有理由对它进行备份。对 tempdb 数据库中的对象作数据修改时,只需要写最少的信息到日志文件中。为 tempdb 数据库分配足够的空间非常重要,因为数据库应用中的很多操作都需要使用 tempdb 数据库。通常,应将 tempdb 数据库设置为在需要空间时自动扩展,如果没有足够的空间,用户可能会接收到如下错误信息:

- 1101 或 1105:连接到 SQL Server 的会话必须在 tempdb 中分配空间;
- 3959:版本存储空间已满;
- 3967:版本存储空间必须压缩,因为 tempdb 已满。

(4)model 数据库。model 数据库是一个在 SQL Server 创建新数据库时充当模板的系统数据库。创建每个数据库时,SQL Server 都会将 model 数据库复制为新数据库。唯一的例外是发生在还原或重新连接其他服务器上的数据库时。

(5)msdb 数据库。msdb 数据库是一个系统数据库,它包含 SQL Server 代理、日志传送、SSIS 以及关系数据库引擎的备份和还原系统等使用的信息。该数据库存储了有关作业、操作员、警报以及作业历史的全部信息。因为它包含这些重要的系统级数据,因此应定期对该数据库进行备份。

4. 架构

架构可以对数据库对象进行分组。分组的目的可能是为了易于管理,这样可对架构中的所有对象应用安全策略。使用架构组织对象的另一个原因是使用者可以很容易地发现所需的对象。在引用对象时,应使用两部分名称。dbo 架构是数据库的默认架构,dbo 架构中的 Student 表称为 dbo. Student。表名必须是架构中唯一的。

在 SQL 2005 之前,两部分名称的第一部分是对象所有者的用户名。实施问题与维护有关。如果拥有对象的用户要离开公司,就不能从 SQL Server 中删除该用户登录,除非确保已将该用户拥有的所有对象改为另一个所有者所有。引用该对象的所有代码必须改为引用这个新所有者。SQL 2005 和 SQL 2008 通过将所有关系与架构名分离,消除了这一维护问题。

5.同义词

同义词是对象的别名或替换名。它在数据库对象和使用者之间创建一个抽象层。这个抽象层使得我们可以改变一些物理实现,并将这些更改与使用者隔离开。特别需要注意的是一个同义词不能引用另一个同义词。object_id 函数返回同义词的 id 而非相关基对象的 id。如果需要列级别的抽象,则可以使用视图(在后面的章节中我们将对视图做详细介绍)。

6.动态管理视图

动态管理视图(Dynamic Management View,DMV)和函数返回有关 SQL Server 实例和操作系统的信息。DMV 简化了对数据的访问,并提供了无法通过 SQL Server 2005 之前版本获取的新信息。DMV 可以提供各种信息,包括有关 I/O 子系统和 RAM 的数据以及有关 Service Broker 的信息。

无论何时启动实例,SQL Server 都会开始将服务器状态和诊断信息保存到 DMV 中。当停止并启动该实例时,将会从视图中清空这些信息,并刷新要加载的新数据。可以像 SQL Server 中的任何其他表一样,用两部分的限定名来查询视图,当然有些 DMV 是接受函数的。

图 4.2　基本数据类型

7.SQL 系统数据类型

在创建表时,必须为表中的每列指派一种数据类型。系统数据类型是 SQL Server 预定好的,可以直接使用。在 SQL Server 2008 中提供了 9 类,共 33 种系统数据类型。如图 4.2 是 9 种基本数据类型,而表 4.1~表 4.7 是具体的 33 种数据类型。

(1)精确数字。表 4.1 列出了精确数字类型,并对其进行了简单描述。

表 4.1　精确数字类型及其描述

数据类型	描述
bit	0 或者 1
tinyint	0~255 之间的整数
smallint	$-2^{15} \sim 2^{15}-1$ 之间的整数
int	$-2^{31} \sim 2^{31}-1$ 之间的整数
bigint	$-2^{63} \sim 2^{63}-1$ 之间的整数
numeric	$-10^{38} \sim 10^{38}-1$ 之间的数值
decimal	$-10^{38} \sim 10^{38}-1$ 之间的数值
smallmoney	$-214748.346 \sim 214748.3468$ 之间的数值
money	$-922337213685477.5808 \sim 922337213685477.5808$ 之间的数值

注:当为 smallmoney 或 money 的表中输入数据时,必须在有效位置前面加一个货币单位符号。

(2)近似数字。近似数字数据类型用于存储十进制小数。近似数值的数据在 SQL Server 中采用只入不舍的方式进行存储。近似数字有两种类型:float 和 real。表 4.2 列出了近似数字类型,并对其进行了简单描述。

表 4.2　近似数字类型及其描述

数据类型	描述
float	$(-1.79E+308)\sim(1.79E+308)$ 之间的数值
real	$(-3.40E+38)\sim(3.40E+38)$ 之间的数值

(3)日期和时间。表 4.3 列出了日期和时间类型,并对其进行了简单描述。

表 4.3　日期和时间类型及其描述

数据类型	描述
datetime	$1753/1/1\sim9999/12/31$,精确到 3.33 毫秒
smalldatetime	$1900/1/1\sim2079/6/6$,精确到 1 分钟
Date	$9999/1/1\sim12/31$
time(n)	小时:分钟:秒.9999999。$0\sim7$ 之间的 n 指定小数秒
Datetimeoffset(n)	$9999/1/1\sim12/31$,$0\sim7$ 之间的 n 指定小数秒$+/-$偏移量
datetime2(n)	$9999/1/1\sim12/31$,$0\sim7$ 之间的 n 指定小数秒

(4)字符串。字符数字类型是 SQL Server 中最常用的数据类型之一,它可以用来存储各种字母、数字符号和特殊符号。在使用字符数据类型时,需要在其前后加上英文单引号或者双引号。表 4.4 列出了字符串类型,并对其进行了简单描述。

表 4.4　字符串类型及其描述

数据类型	描述
char(n)	$1\sim8000$,缺省 n 为 1
varchar	$1\sim8000$,存储空间根据输入数据的实际长度而变化
Text	$1\sim2^{31}-1(2\ G)$,用于存储大量文本数据

(5)Unicode 字符串。Unicode(统一字符编码标准)字符集标准,用于支持国际上的非英语语种。表 4.5 列出了 Unicode 字符串类型,并对其进行了简单描述。

表 4.5　Unicode 字符串类型及其描述

数据类型	描述
nchar(n)	n 表示所有字符所占的存储空间,n 的取值为 $1\sim4000$
nvarchar(n)	n 表示所有字符所占的存储空间,n 的取值为 $1\sim4000$
Ntext	$2^{31}-1(2\ G)$ 个字节,用于存储大容量文本数据

(6)二进制字符串。表 4.6 列出了二进制字符串类型,并对其进行了简单描述。

表4.6 二进制字符串类型及其描述

数据类型	描述
binary(n)	n是1～8000十六进制数字之间
varbinary(n)	数据的存储长度是变化的
image	最多为十六进制数位

（7）其他数据类型。表4.7列出了其他数据类型，并对其进行了简单描述。

表4.7 其他数据类型及其描述

数据类型	描述
sql_variant	用于存储文本
timestamp	对于每个表来说是唯一的、自动存储的值
uniqueidentifier	可以包含全局唯一标识符（Globally Unique Identifier，GUID）
XML	可以以 Unicode 或非 Unicode 形式存储

对于 CLR（Common Language Runtime，公共语言运行时）数据类型和空间数据类型这里就不进行一一介绍了。

4.1.3 SQL 组成

SQL 主要由以下6部分组成：

（1）数据查询语言（Data Query Language，DQL）：其语句也称为"数据检索语言"，用以从表中获得数据，确定数据应怎样在应用程序中给出。保留字 SELECT 是 DQL（也是所有 SQL）用得最多的动词，其他 DQL 常用的保留字还有 WHERE，ORDER BY，GROUP BY 和 HAVING。这些 DQL 保留字常与其他类型的 SQL 语句一起使用。

（2）数据操作语言（Data Manipulation Language，DML）：其语句包括动词 INSERT，UPDATE 和 DELETE。它们分别用于添加，更新，删除表中的行，也被称为动作查询语言。

（3）事务处理语言（Transaction Processing Language，TPL）：它的语句能确保被 DML 语句影响的表的所有行为及时得以更新。TPL 语句得以及时更新。TPL 语句包括 BEGIN TRANSACTION，COMMIT 和 ROLLBACK。

（4）数据控制语言（Data Control Language，DCL）：其语句通过 GRANT 或 REVOKE 获取许可，确定单个用户和用户组对数据库对象的访问。某些 RDBMS 可用 GRANT 或 REVOKE 控制对单个列的访问。

（5）数据定义语言（Data Detinition Language，DDL）：其语句包括动词 CREATE 和 DROP。在数据库中创建表或删除表，为表加入索引等。DDL 包括许多与引入数据库目录中获得数据有关的保留字。它也是动作查询的一部分。

(6)指针控制语言(Cursor Control Language,CCL):其语句像 DECLARE CURSOR,FETCH INTO 和 UPDATE WHERE CURRENT 用于对一个或多个表单独进行的操作。

以上这六个组成部分在后面的章节中,我们都会一一进行讲解,在此处不做详细介绍。

4.2 SQL 定义

4.2.1 模式定义

数据库中模式有两种基本含义:在第 1 章的时候,我们讲过一种物理上的模式,指的是数据库中的一个名字空间,它包含一组表、视图和存储对象等命名对象。另一种是概念上的模式,指的是一组 DDL 语句集,该语句集完整地表述了数据库的结构,我们在此处介绍的就是这种模式。在本节中我们主要讲解的是使用 SQL 语句进行模式的创建和删除。

1.创建模式

使用 SQL 语句创建模式的语法:

```
CREATE SCHEMA 模式名 AUTHORIZATION 用户名;
```

如果没有指定模式名,那么模式名隐含为用户名。

【例 4 - 1】 定义一个学生—成绩模式 S_G。

```
create schema "S_G" authorization zhang;
```

为用户 zhang 定义了一个模式 S_G。

目前 CREATE SCHEMA 中可以接受 CREATE VIEW,CREATE TABLE,GRANT 子句,即用户在创建模式的同时,可以在这个模式中进一步创建基本表、视图,定义授权。

2.删除模式

使用 SQL 语句删除模式的语法:

```
DROP SCHEMA 模式 1,模式 2,…,模式 n;
```

【例 4 - 2】 删除一个学生—成绩模式 S_G。

```
drop schema S_G;
```

4.2.2 表的定义

表是组成数据库的基本元素。关系数据库的理论基础是关系模型,它直接表述数据库中数据的逻辑结构。关系模型的数据结构是一张二维表,在关系模型中现实世界的实体和实体之间的联系均用二维表来表示。在 SQL Server 数据库中,表定义为列的集合,数据在表中按行和列的格式组织排列。每行代表唯一的一条记录,而每列代表记录中的一个域。在本节中,我们主要介绍的是使用 SQL 语句进行表的创建和删除。

附:如无特殊说明,本章中的表都依据以下的表 4.8 和表 4.9,表 4.10 和表 4.11,表 4.12和表 4.13。

表 4.8　Student 表的结构

字段名称	字段含义	数据类型	备注
Sno	学号	varchar(10)	primary key
Sname	姓名	varchar(10)	
Ssex	性别	varchar (2)	
Sage	年龄	Int	
Sdept	所在系	varchar(20)	

表 4.9　Student 表的实例

Sno	Sname	Ssex	Sage	Sdept
2011001	张雷	男	20	MA
2011002	李雪	女	19	CS
2011003	夏雨	女	21	MA
2011004	王达	男	22	GS
2011005	孙晓	女	19	GS

表 4.10　Course 表的结构

字段名称	字段含义	数据类型	备注
Cno	课程编号	varchar(6)	primary key
Cname	课程名称	varchar(20)	
Ccredit	课程学分	int	

表 4.11　Class 表的实例

Cno	Cname	Ccredit
101	数据库	3
102	操作系统	2
103	数据结构	2
104	面向对象	3

表 4.12　SC 表的结构

Sno	学号	varchar (10)	primary key
Cno	课程号	varchar(6)	primary key
Grade	成绩	float	

表 4.13　Department 表的实例

Sno	Cno	Grade
21	101	89
22	102	78
23	101	91
24	103	95

1. 创建表

使用 SQL 语句创建表的语法：

```
CREATE TABLE 表名(〈列名〉〈数据类型〉[列级完整性约束条件]
[,〈列名〉〈数据类型〉[列级完整性约束条件]]
…
[,〈表级完整性约束条件〉]);
```

如果完整性约束条件涉及到该表的多个属性列,则必须定义在表级上,否则既可以定义在列级也可以定义在表级。

【例 4-3】　创建一个课程表 Course。

```
create table Course
(Cnovarhar(6) primary key,　//列级完整性约束条件
Cname varchar(20),
Ccredit int
);
```

【例 4-4】　创建一个学生表 Student。

```
create table Student
(Snovarchar(10),
Sname varchar(10),
Ssex char(2),
Sage int,
Sdept varchar(20),
primary key(Sno),
//列级完整性约束条件,Sno 为主码
);
```

2. 删除表

使用 SQL 语句删除表的语法：

```
DROP TABLE 表名 1,表名 2,…,表名 n;
```

【例 4 - 5】 删除 Student 表。

```
drop table Student;
```

4.2.3 视图的定义

视图是虚拟的表。与表不同的是,视图本身并不存储视图中的数据。视图是由表派生出来的,派生表被称为视图的基本表,简称基表。视图可以来源于一个或多个基表的行或列的子集,也可以是基表的统计汇总,或者是视图和基表的组合,视图中的数据是通过视图定义语句由其表中动态查询得来的。

在视图的实现上,就是由 SELECT 语句构成的基于选择查询的虚拟表。但是视图中的数据是存储在基表中的,数据库中只存储视图的定义,数据是在引用视图时动态产生的。因此,当基表中的数据发生变化时,可以从视图中直接反映出来。所有视图中查询出来的数据随着基本表的变化而变化。在本节中,我们主要介绍的是用 SQL 语句创建和删除视图。

1.创建视图

使用 SQL 语句创建视图的基本语法:

```
CREATE VIEW 视图名[(视图列名 1,视图列名 2,……,视图列名 n)]
AS
SELECT 语句
[WITH CHECK OPTION];
```

如果 CREATE VIEW 语句中没有指定视图列名,那么视图的列名默认为 SELECT 语句目标列中各字段的列名。

SELECT 语句可以是更复杂的查询语句,但通常不允许包括 ORDER BY 子句和 DISTINCT 短语。WITH CHECK OPTION 子句强制视图上执行的所有数据修改语句必须符合由 SELECT 查询设置的准则。

【例 4 - 6】 建立计算机系学生的视图。

```
create view CS_Student
as
select Sno,Sname
from Student
where Sdept = 'CS';
```

2.删除视图

视图的删除与表的删除类似,可以通过 DROP VIEW 语句来删除。删除视图不会影响表中的数据。

使用 SQL 语句删除视图的基本语法:

```
DROP VIEW 视图名 1,视图名 2,……,视图名 n
```

【例 4 - 7】 删除视图 CS_Student。

```
drop view CS_Student;
```

4.2.4 索引的定义

创建索引是加快数据查询,加快表的连接、排序和分组工作的有效手段。按照索引值的特点分类,可以把索引分为唯一索引和非唯一索引;按照索引结构的特点分类,可以把索引分为聚簇索引和非聚簇索引。在本节中我们主要介绍的是使用 SQL 语句进行索引的创建和删除。

1.创建索引

使用 SQL 语句创建索引的基本语法:

```
CREATE [UNIQUE][CLUSTER] INDEX 索引名
ON 表名([列名,次序],……[列名,次序])
```

其中各个参数的含义如下:

UNIQUE:为表或视图创建唯一索引;

CLUSTER:表示创建聚簇索引。聚簇索引是指索引项的顺序与表中记录的物理顺序一致的索引组织。

【例 4-8】 在 SC 表上建立索引,按照学号升序和课程号降序建唯一索引。

```
create unqiue index SCno on SC(Sno asc,Cno desc);
```

2.删除索引

使用 SQL 语句删除索引的基本语法:

```
DROP INDEX 索引名;
```

【例 4-9】 删除 SC 表上名为 SCno 的索引。

```
drop index SCno;
```

4.3 SQL 查询

SQL Server 提供了数据查询语句 SELECT 较完整的语句形式,该语句应用具有灵活的使用方式和丰富的功能,SELECT 语句格式除了一些基本参数外,还有大量的选项可以用于数据查询。SELECT 语句的格式如下所示:

```
SELECT〈目标列〉
[INTO〈新表名〉]
[FROM〈数据源〉]
[WHERE〈元组条件表达式〉]
[GROUP BY〈分组条件〉][HAVING〈组选择条件〉]
[ORDER BY〈排序条件〉]
[COMPUTE〈统计列组〉][BY〈表达式〉]
```

其中,SELECT 子句用于指定整个查询结果表中包含的列;INTO 子句用于将查询的结果创建一个新表,FROM 子句用于指定整个查询语句用到的一个或多个基本表或视图,是整个查询语句的数据来源,通常称为数据源表;WHERE 子句用于指定多个数据源表的连接条件和单个源表中行的筛选条件或选择条件；GROUP BY 子句用于将查询结果集按指定列值分组；HAVING 子句用于指定分组的过滤条件；ORDER BY 子句用于将查询结果集按指定的列排序。

4.3.1 单表查询

单表查询指的是在一个表中查找所需要的数据。

1.使用 SELECT 语句选取字段

（1）查询指定表中的部分列。在很多情况下，用户只对表中的部分列值感兴趣，这时可以通过 SELECT 子句中的〈列名表〉来指定要查询的目标列，各个列名之间使用逗号隔开，各个列的先后顺序可以与表的顺序不一致，用户可以根据需要改变列的显示顺序。

【例 4 - 10】 查询 Student 表中的所有学生的学号和姓名。

```
select Sno,Sname from Student;
```

（2）查询表中的所有列。查询表中的所有列有两种方法：一是在〈列名表〉中指定表中所有列的列名，此时目标列所列出的顺序可以和表中的顺序不同；二是将目标列使用 * 来代替，此时列的显示顺序和表中的顺序相同。

【例 4 - 11】 查询 Student 表中所有学生的信息。

```
select Sno,Sname,Ssex,Sage,Sdept from Student;
```

等价于：

```
select * from Student;
```

（3）在查询结果集中取消重复的列。当查询的结果集中仅包含表中的部分列时，有可能出现重复记录。如果要取消结果集中的重复记录，可以在目标列前面加一个 DISTINCT 关键字。

【例 4 - 12】 查询 Student 表中的 Sdept。

```
select distinct Sdept from Student;
```

（4）在查询结果中限制返回的行数。使用 SELECT 子句选取输出列时，如果在目标前面使用 TOP n 子句，则在查询结果中输出前面 n 条记录。如果在目标前面使用 TOP n PERCENT 子句，则在查询结果中输出前面占记录总数百分比为 n％的记录。

【例 4 - 13】 查询 Student 表中的所有列，在结果集中输出前 3 条。

```
select top 3 * from Student;
```

【例 4 - 14】 查询 Student 表中学号和姓名，在结果集中输出前 20％记录。

```
select top 20 percent Sno,Sname from Student;
```

（5）查询经过计算的值。SELECT 子句的〈目标表达式〉不仅可以是表中的属性列，也可以是表达式。

【例 4 - 15】 查询 Student 表中全部学生的姓名和出生年份。

方法一：

```
select Sname ,2014 - Sage from Student;
```

方法二：

```
select Sname,year(getdate()) - Sage from Student;
```

在上例中，第二列不是一个列名而是一个计算表达式，计算出生年份选择当年年份减去学生的年龄或者用函数 year(getdate())来获得当年年份,这样就可得到学生的出生年份。

2. 使用 INTO 子句创建新表

通过使用 SELECT 语句中的 INTO 子句,可以自动创建一个新表并将查询结果集中的记录添加到该表中。新表的列用 SELECT 子句中的目标列来决定。若新表的名称以"♯"开头,则生成的新表为临时表;不带"♯"为永久表。

【例 4-16】 将 Student 表中 Sno,Sname,Ssex 的查询结果作为新建的临时表 Stu。

```
select Sno,Sname,Ssex into Stu from Student;
```

3. 使用 WHERE 子句设置查询条件

大多数的查询都不希望得到表中的所有记录,而是一些满足条件的记录,查询满足条件的元组可以通过 WHERE 子语句实现。WHERE 子语句常用的查询条件如表 4.14 所示。

表 4.14　常用的查询条件

查询条件	谓词
比较	=,>,<,>=,<=,<>,! >,! <;NOT+上述比较运算符
确定范围	BETWEEN AND,NOT BETWEEN AND
确定集合	IN,NOT IN
字符匹配	LIKE,NOT LIKE
空值	IS NULL,IS NOT NULL
多条件查询	AND,OR,NOT

(1)比较运算符:比较运算符是指可以使用下列运算符比较两个值。当用运算符比较两个值时,结果是一个逻辑值,不是 TURE(成立)就是 FALSE(不成立)的运算符号。

【例 4-17】 查询 Student 表中年龄小于 20 的学生姓名。

```
select Sname from Student where Sage<20;
```

【例 4-18】 查询 Student 表中所有男生的 Sno,Sname 和 Sage。

```
select Sno,Sname,Ssex from Student where Ssex =´男´;
```

(2)范围运算符。在 WHERE 子句中的〈元组条件表达式〉中可以使用谓词 BETWEEN…AND 或 NOT BETWEEN..AND。

BETWEEN…AND——测试表达式的值包含在指定范围内。

NOT BETWEEN..AND——测试表达式的值不包含在指定范围内。

【例 4-19】 查询 Student 表中年龄在 20 到 22 岁(包括 20 岁和 22 岁)之间的学生的学号和姓名。

```
select Sno,Sname from Student where Sage between 20 and 22;
```

【例 4-20】 查询 Student 表中年龄不在 20 到 22 之间的学生的学号和姓名。

```
select Sno,Sname from Student where Sage not between 20 and 22;
```

(3)集合运算符。在 WHERE 子句中的〈元组条件表达式〉中使用谓词 IN(值表)或 NOT IN(值表),(值表)是用逗号隔开的一组取值。

IN——测试表达式的值等于列表中的某一个值。

NOT IN——测试表达式的值不等于列表中任何一个值。

【例 4-21】 查询 Student 表中年龄在 20 到 22 岁(包括 20 岁和 22 岁)之间的学生的学号和姓名。

```
select Sno,Sname from Student where Sage in(20,21,22);
```

【例 4-22】 查询 Student 表中年龄不在 20 到 22 之间的学生的学号和姓名。

```
select Sno,Sname from Student where Sage not in(20,21,22);
```

(4)字符匹配。字符匹配运算符用来判断字符型数据的值是否与指定的字符通配格式相符。在 WHERE 子句的〈元组条件表达式〉中使用谓词[NOT]LIKE '〈匹配串〉'。其中〈匹配串〉可以是一个由数字或者字母组成的字符串,也可以是含有通配符的字符串。通配符包含以下 4 种:

- %:可以匹配任意长度的字符串。例如:A%表示以 A 开头的字符串。
- _:可以匹配任何单个字符。例如:A_C 表示第一个字符是 A,第二个是任意字符,第三个是 C。
- [ ]:指定范围或者集合中的任何单个字符。例如:A[BC]表示第一个字符是 A,第二个字符为 B 和 C 中任意一个的字符串。
- [^]:不属于指定范围的任意单个字符。例如:[^AB]表示除了 A、B 的任意字符。

【例 4-23】 在 Student 表中查询姓孙的学生的全部信息。

```
select * from Student where Sname like '孙%';
```

【例 4-24】 在 Student 表中查询姓孙,并且名字为两个字的学生的姓名。

```
select Sname from Student where Sname like '孙_';
```

【例 4-25】 在 Course 中查询 DB_SQL 这门课程的课程号。

```
select Cno from Course where Cname like 'DB]]_SQL' escape ']]';
```

其中 escape ']]' 表示"]]"为换码字符,可以把"_"转义为普通的"_"字符。

(5)空值运算符:空值运算符用来判断列值是否为 NULL(空值)。

- IS NULL 列值为空。
- IS NOT NULL 列值不为空。

【例 4-26】 在 SC 表中查询缺少成绩的学生的学号和课程号。

```
select Sno,Cno from SC where Grade is null;
```

(6)逻辑运算符。一个查询条件有时是多个简单条件的组合,逻辑运算符能够连接多个简单条件,构成一个查询条件。

- AND:运算符同时成立时,表达式结果才成立。
- OR:运算符两端有一个成立时,表达式结果即成立。
- NOT:将运算符右侧表达式的结果取反。

【例 4-27】 查询 Student 表中的班级编号为"102"的男生的姓名。

```
select Sname from Student where CLno = '102' and Ssex = '男';
```

4. ORDER BY 子句

ORDER BY 子句可以对查询结果按照一个或者多个属性列,进行升序(ASC)或者降序(DESC)排列,缺省值为升序。

【例 4-28】 查询 Student 表中学生的全部信息,查询结果按照所在班级的编号升序排列,同一班级的按照学号降序排列。

```
select * from Student order by CLno,Sno desc;
```

5. 统计函数

在实际的应用过程中,往往需要对表中的数据进行一些简单的数学处理。统计函数就是满足这些需求最好的工具。常见的统计函数如下表 4.15 所示。

表 4.15 各种统计函数

统计函数	功能说明
COUNT([DISTINCT｜ALL] *)	计算记录的个数
COUNT([DISTINCT｜ALL]〈列名〉)	计算某列值的个数
AVG([DISTINCT｜ALL]〈列名〉)	计算某列值的平均值
MAX([DISTINCT｜ALL]〈列名〉)	计算某列值的最大值
MIN([DISTINCT｜ALL]〈列名〉)	计算某列值的最小值
SUM([DISTINCT｜ALL]〈列名〉)	计算某列值的和

附:缺省为 ALL。WHERE 子句中不能用统计函数作为条件表达式。

【例 4-29】 查询 Student 表中学生总人数。

```
select COUNT( * ) from Student;
```

【例 4-30】 查询 Student 表中学生的最大年龄。

```
select MAX(Sage) from Student;
```

6. GROUP BY 子句

GROUP BY 子句将查询结果按某一列或多列的值分组,值相等的为一组。HAVING 条件表达式选项是对生成的组进行筛选,只有满足 HAVING 短语指定条件的组才输出。HAVING 短语与 WHERE 子句的区别是:WHERE 子句作用于基表或视图,从中选择满足条件的分组;HAVING 短语作用于组,从中选择满足条件的组。

【例 4-31】 查询 Student 表中男生的年龄段及各个年龄段的人数。

```
select Sage,COUNT( * ) from Student where Ssex = ´男´group by Sage;
```

7. COMPUTE 子句

COMPUTE 子句的功能与 GROUP BY 子句类似,对记录进行分组统计。COMPUTE 子句和 GROUP BY 子句的区别是:除显示统计结果外,还显示统计的各分组数据的详细信息。语法格式如下:

```
COMPUTE 统计函数[BY 列名];
```

使用 COMPUTE 子句时,必须遵守以下几点:

①在统计函数中,不能使用 DISTINCT 关键字。

②COMPUTE BY 子句必须与 ORDER 子句同时使用。

③COMPUTE BY 子句中 BY 后的列名必须与 ORDER BY 子句中相同,或为其子集,且二者从左到右的排列顺序必须一致。

【例 4 - 32】 查询 Student 表中学生的全部信息,在结果集中显示各班的人数和该班所有学生记录。

```
select * from Student order by CLno compute count(Sno) by CLno;
```

4.3.2 连接查询

前面我们讲过的都是单表查询,如果一个查询同时涉及两个或两个以上的表,则成为连接查询。使用连接查询时,必须在 from 子句中指定两个或两个以上的表。特别需要注意的是:在使用连接查询的时,应该在列名前加表名作前缀。如果不同的表之间的列名不同,可以不加表名前缀。如果不同的表存在同名列,则必须加前缀。

1. 内连接

内连接就是只包含满足连接条件的数据行,是将交叉连接结果集按照连接条件进行过滤的结果,也称为自然连接。

【例 4 - 33】 查询每个学生的学号、姓名和班级。

```
select Sno,Sname,CLname from Student,Class where Student.CLno = Class.CLno;
```

2. 外连接

外连接又分为左外连接,右外连接和全外连接。

(1)左外连接以左表为主,右表为辅。结果由主表中的所有记录以及辅表中的相关记录组成,主表中有但是辅表中没有的记录用 NULL 补齐。

(2)右外连接与左外连接刚好相反,右外连接是以右表为主的连接查询。

(3)全外连接是将两个表的左右相关联数据全部查询出来,当一个表没有另一个表的记录的时候,则 NULL,反之右表也一样。这和我们在第 2 章学习的内容是相符的。

3. 自身连接

自身连接就是一个表的两个副本之间的内连接。表名在 FROM 子句中出现两次,必须针对表指定不同的别名,在 SELECT 子句中引用的列名也要使用表的别名进行限定。

【例 4 - 34】 查询与李雪在同一个班学习的所有学生的学号和姓名。

```
select S2.Sno,S2.Sname from Student S1,Student S2 where S1.CLno = S2.CLno
and S1.Sname = ´李雪´;
```

4.3.3 嵌套查询

在 SELECT 查询语句里可以嵌入 SELECT 查询语句,称为嵌套查询。也可将内嵌的 SELECT 语句称为子查询,子查询形成的结果又称为父查询的条件。子查询可以嵌套多层,子查询操作的数据表可以是父查询不操作的数据表。特别需要注意的是,子查询中不能包含 GROUP BY 子句。

1. 带有比较运算符的子查询

带有比较运算符的子查询是指父查询与子查询之间用比较运算符进行连接。但是用户必须确切地知道子查询返回的是一个单值,否则数据库服务器将报错。

【例 4 - 35】 查询和"张雪"在同一个班的同学的学号和姓名。

```
select Sno,Sname from Student where CLno = (select CLno from Student where
Sname = ´张雪´);
```

2. 带有 IN 谓词的子查询

带有 IN 谓词的子查询是指父查询和子查询之间用 IN 或 NOT IN 进行连接，判断某个属性列值是否在子查询的结果中，通常子查询的结果是一个集合。

【例 4-36】 用带有 IN 谓词的子查询来查询和"张雪"在同一个班的同学的学号和姓名。

    select Sno,Sname from Student where CLno in (select CLno from Student where Sname = ´张雪´);

3. 带有 ANY 或 ALL 谓词的子查询

子查询返回单值时可用比较运算符，返回多值时要用 ANY 或 ALL。使用 ANY 或 ALL 时必须同时使用比较运算符。如下表 4.16 所示。

表 4.16 各种操作符及含义

操作符	含义
> ANY	大于子查询结果中的某个值
> ALL	大于子查询结果中的所有值
< ANY	小于子查询结果中的某个值
< ALL	小于子查询结果中的所有值
>= ANY	大于等于子查询结果中的某个值
>= ALL	大于等于子查询结果中的所有值
<= ANY	小于等于子查询结果中的某个值
<= ALL	小于等于子查询结果中的所有值
= ANY	等于子查询结果中的某个值
= ALL	等于子查询结果中的所有值(通常没有实际意义)
! =(或<>)ANY	不等于子查询结果中的某个值
! =(或<>)ALL	不等于子查询结果中的任何一个值

【例 4-37】 查询 Student 表中查询其他班级比 103 班学生年龄都小的学生的信息。

    select * from Student where Sage<ALL(select Sage from Student where CLno = ´103´)and CLno<>´103´;

4. 带有 EXISTS 谓词的子查询

EXISTS 表示存在量词，用来测试子查询是否有结果，如果子查询的结果集中非空，则 EXISTS 条件为 TRUE，否则为 FALSE。由于 EXISTS 的子查询只测试子查询的结果集是否为空，因此，在子查询中指定列名是没有意义的。所以在有 EXISTS 的子查询中，其列名序列通常都用"*"表示。

【例 4-38】 查询 Student 表中一班同学的所有学生的姓名和学号。

    select Sno,Sname from Student where exists (select * from Class where

Student.CLno = Class.CLno and CLname = ′一班′);

【例 4 – 39】 查询 Student 表中,和张雪在同一个班学习的学生。

select Sno,Sname,CLno from Student S1 where exists(select * from Student S2 where S2.CLno = S1.CLno and S2.Sname = ′张雪′);

4.4 SQL 更新

数据的更新操作有三种:向表中插入若干行数据,修改表中的数据,把表中的若干行数删除。

4.4.1 插入

使用 INSERT 语句向表中插入新的元组。INSERT 语句的方法格式如下:

```
INSERT
INTO〈表名〉〈属性列 1〉[,〈属性列 2〉]…[,〈属性列 n〉]
VALUES (〈常量 1,〉[,〈常量 2〉]…)|(SELECT 语句);
```

【例 4 – 40】 向 Student 表中插入一条学生记录("2011006","马冰","男","20","南京","102")。

insert into Student(Sno,Ssex,Sage,Saddress,CLno)
values ("2011006","马冰","男","20","南京","102");

4.4.2 修改

使用 UPDATE 语句来修改表中已经存在的数据。UPDATE 语句既可以一次修改一个元组的数据,也可以一次修改多个元组的数据,也可以设置一次修改表中的全部数据。

UPDATE 语句的方法格式如下:

```
UPDATE 〈表名〉
SET 〈列名〉=〈表达式〉[,〈列名〉=〈表达式〉]…
[WHERE〈条件〉];
```

【例 4 – 41】 在 Student 表中将学号为 2011001 的学生的 Sage 改为 23 岁。

update Student set Sage = 23 where Sno = ′2011001′;

【例 4 – 42】 在 Student 表中将李雪的家庭住址改为天津。

update Student set Saddress = "天津" where Sname = "李雪";

4.4.3 删除

随着对数据库的使用和对数据的修改,表中会存在一些无用的数据,这些数据不仅占用空间,而且还会影响表的查询速度,所以要及时删除它们。使用 DELETE 语句来删除表中的数据。

DELETE 语句的方法格式如下:

```
DELETE
FROM〈表名〉
[WHERE〈条件〉];
```

【例 4 - 43】 在 Student 表中删除学号为 2011001 的学生的信息。

delete

from Student where Sno = ´2011001´;

【例 4 - 44】 删除 Student 表中一班同学的信息。

Delete from Student, Class where Student. CLno = Class. CLno and CLname = ″一班″;

数据库保护又叫做数据库控制,特点之一是 DBMS 提供统一的数据保护功能来保证数据的安全可靠和正确有效。数据库控制通过四方面实现,即安全性控制、完整性控制、数据恢复和并发性控制。

5.1 数据库安全性

所谓数据库的安全性是指保护数据以防止不合法的使用所造成的数据泄露、更改和破坏。数据库安全性所关心的主要是 DBMS 的存取控制机制。数据库安全最重要的一点就是确保只授权给有资格的用户访问数据库的权限,同时令所有未被授权的人员无法接近数据,这主要是通过数据库系统的存取控制机制实现的。

5.1.1 权限

用户权限是由两个要素组成的:数据库对象和操作类型。定义一个用户的存取权限就是要定义这个用户可以在哪些数据库对象上进行哪些类型的操作。在数据库系统中,定义存取权限称为授权。

在非关系系统中,用户只能对数据进行操作,存取控制的数据库对象也仅限于数据本身。

关系数据库系统中存取控制的对象不仅有数据(基本表中的数据、属性列上的数据)本身,还有数据库模式(包括数据库 SCHEMA、基本表 TABLE、视图 VIEW 和索引 INDEX 的创建)等,表 5.1 列出了主要的存取权限。

表 5.1 主要的存取权限

对象类型	对象	操作类型
数据库	模式	CREATE SCHEMA
	基本表	CREATE TABLE,ALTER TABLE
模式	视图	CREATE VIEW
	索引	CREATE INDEX
数据	基本表和视图	SELECT, INSERT, UPDATE, DELETE, REFERENCES, ALL PRIVILEGES
数据	属性列	SELECT,INSERT,UPDATE,REFERENCES,ALL PRIVILEGES

5.1.2 授权与回收

某个用户对某类数据库对象具有何种操作权限是个政策问题而不是技术问题,数据库管理系统的功能是保证这些决定的执行。

下面讲解 SQL 中的 GRANT 语句和 REVOKE 语句。GRANT 语句向用户授予权限,REVOKE 语句收回授予的权限。

对数据库模式的授权则由 DBA 在创建用户时实现。

1. GRANT

GRANT 语句的一般格式为

  GRANT 〈权限〉[,〈权限〉]…

  ON 〈对象类型〉〈对象名〉[,〈对象类型〉〈对象名〉]…

  TO 〈用户〉[,〈用户〉]…

  [WITH GRANT OPTION];

其语义为:将对指定操作对象的指定操作权限授予指定的用户。接受权限的用户可以是一个或多个具体用户,也可以是 PUBLIC ,即全体用户。

SQL 标准允许具有 WITH GRANT OPTION 的用户把相应的权限或其子集传递授予其他用户,但不允许循环授权,即被授权者不能把权限再授回给授权者或其祖先。

假设有三个用户 user1、user2、user3 和三个数据库 db1、db2、db3,其中,数据库 db1 中包含一个教师信息表 teacher,数据库 db2 包含学生信息表 student、课程表 course 和成绩表 result,数据库 db3 中包含院校信息表 dept。下面看几个权限授予的例子。

【例 5 - 1】 把查询数据库 db1 中 teacher 表的权限授给用户 UI。

  GRANT SELECT

  ON TABLE db1.student

  TO U1;

【例 5 - 2】 把对数据库 db2 中 student 表、course 表和 result 表的全部权限授予用户 U2 和 U3。

  GRANT ALL PREVILEGES

  ON TABLE db2.student ,db2.Course,db2.result

  TO U2,U3;

【例 5 - 3】 把查询 Student 表和修改学生学号的权限授予用户 U4。

  GRANT UPDATE(Sno),SELECT

  ON TABLE Student

  TO U4;

注:对属性列的授权时必须明确指出相应属性列名。

如果获得授权的用户希望将得到的授权再授予其他的用户,则需要在 GRANT 语句后加上一个 WITH GRANT OPTION 语句,其语法格式如下:

  GRANT 权限

  ON TABLE 表名

  TO 用户

WITH GRANT OPTION；

【例 5 - 4】 把对 db1 中 teacher 表的 select 权限再授予其他用户 U5。

GRANT select

ON TABLE db1.teacher

TO U5

WITH GRANT OPTION；

执行此 SQL 语句后，U5 不仅拥有了对 teacher 表的 select 权限，还可以传播此权限，即由 U5 用户将上述 GRANT 命令授予其他用户。例如 U5 可以将此权限授予 U6。

【例 5 - 5】

GRANT select

ON TABLE db1.teacher

TO U6；

由上面的例子可以看出，GRANT 语句可以一次向一个用户授权；也可以一次向多个用户授权；还可以一次传播多个同类对象的权限；甚至一次可以完成对基本表和属性列这些不同对象的授权。

2. REVOKE

授予的权限可以由 DBA 或其他授权者用 REVOKE 语句收回，REVOKE 语句的一般格式为

REVOKE 〈权限〉[,〈权限〉]…

ON 〈对象类型〉〈对象名〉[,〈对象类型〉〈对象名〉]…

FROM〈用户〉[,〈用户〉]…[CASCADE|RESTRICT]；

【例 5 - 6】 把用户 U1 对 db1 的 teacher 表的查询权限收回。

REVOKE select

ON TABLE db1.teacher

FROM U1；

【例 5 - 7】 收回 U2、U3 对 db2 的 student 表的所有权限。

REVOKE ALL PREVILEGES

ON TABLE db2.student

FROM U2,U3；

【例 5 - 8】 把用户 U5 对 teacher 表的 select 权限收回。

REVOKE select

ON TABLE db1.teacher

FROM U5 CASCADE；

将用户 U5 的 select 权限收回的时候必须级联（CASCADE）收回，不然系统将拒绝（RESTRICT）执行该命令。因为在［例 5 - 5］中，U5 将对 teacher 表的 select 权限授予了 U6。

注：这里缺省值为 RESTRICT，有的 DBMS 缺省值为 CASCADE，会自动执行级联操作，不必明显地写出 CASCADE。如果 U6 还从其他用户处获得对 teacher 表的 select 权限，

则他们仍具有此权限,系统只收回直接或间接从 U5 处获得的权限。

5.1.3　SQL Server 的安全性机制

目前,SQL Server 的安全性机制主要划分为 4 个等级:客户机操作系统的安全性,SQL Server 的登录安全性(即登录账号和密码、数据库的使用安全性),该用户对数据库的访问权限、数据库对象的使用安全性,该用户账号对数据库对象的访问权限。

为了 SQL Server 服务器和数据的安全,系统管理员应该规划一个高效的安全模式,一个高效的安全模式主要包括以下内容:做一些细致的、具有前瞻性的安全规划、选择安全形式、配置安全角色、指定对象以及语句的许可权限。

1. 安全规划

确定采用何种登录验证方式,确定后必须把用户添加到 SQL Server 系统中,决定哪些用户将执行管理 SQL Server 服务器系统的任务,并为这些用户分配适当的服务器角色,决定哪些用户存取哪些数据库,并为这些用户添加到适当的数据库角色,给适当的用户或角色授予适当的存取数据库对象的权限,以便用户能够操作相应的数据库对象。

2. 选择安全形式

主要是指用户登录的验证方式。主要有两种方式,一种是 Windows 验证方式:完全采用 Windows 服务器的验证,只要可以登录到 Windows 的用户,就可以登录到 SQL Server 数据库系统;第二种验证方式是指 Windows 与 SQL Server 混合验证方式,这种方式更灵活,不能登录到 Windows 的用户,只要是 SQL Server 的用户就可以登录到数据库系统。

3. 配置安全角色

角色包括服务器角色和数据库角色,服务器角色允许用户登录到 SQL Server 服务器,并具有操作服务器的权限。数据库角色允许对数据库对象进行操作。创建用户后,应当为用户分配适当的角色,具体见后面讲解。

4. 指定对象及语句的许可权限

授予用户对数据库中具体对象的操作权限和对 SQL 语句的使用权限,任何用户都具有对于数据表或视图数据的读取权限,但对于插入、更新和删除权限则需要明确授权。

5.1.4　数据库角色

数据库角色是对某个数据库具有相同访问权限的用户和组的集合,因此,可以为一组具有相同权限的用户创建一个角色,使用角色来管理数据库权限可以简化授权的过程。

在 SQL 中首先用 CREATE ROLE 语句创建角色,然后用 GRANT 语句给角色授权,要删除一个现有角色,使用类似的 DROP ROLE 命令。

1. 角色的创建

创建角色的 SQL 语句格式是

```
CREATE ROLE 〈name〉;
```

name 遵循 SQL 标识的规则:要么完全没有特殊字符,要么用双引号包围(实际上通常会给命令增加额外的选项,比如 LOGIN)。刚刚创建的角色是空的,没有任何内容,可以用 GRANT 为角色授权。

(1)给角色授权:

```
GRANT〈权限〉[,〈权限〉]…
ON〈对象类型〉对象名
TO〈角色〉[,〈角色〉]…
```

DBA 和用户可以利用 GRANT 语句将权限授予某一个或几个角色。

(2)将一个角色授予其他的角色或用户:

```
GRANT〈角色1〉[,〈角色2〉]…
TO〈角色3〉[,〈用户1〉]…
[WITH GRANT OPTION];
```

该语句把角色授予某用户,或授予另一个角色。这样,一个角色(例如角色3)所拥有的权限就是授予它的全部角色(例如角色1和角色2)所包含的权限的总和。

授予者或者是角色的创建者,或者拥有在这个角色上的 ADMIN OPTION。

如果指定了 WITH GRANT OPTION 字句,则获得某种权限的角色或用户还可以把这种权限再授予其他角色。

一个角色拥有的权限包括直接授予这个角色的全部权限加上其他角色授予这个角色的全部权限。

2.角色权限的收回

```
REVOKE〈权限〉[,〈权限〉]…
ON〈对象类型〉〈对象名〉
FROM〈角色〉[,〈角色〉];
```

用户可以回收角色的权限,从而修改角色拥有的权限。

REVOKE 动作的执行者或者是角色的创建者,或者拥有在这个角色上的 ADMIN OPTION。

5.2 数据库完整性

数据库的完整性是指保护数据库中数据的正确性、有效性和相容性。

数据的完整性和安全性是两个不同的概念。数据的完整性是为了防止数据库中存在不符合语义的数据,也就是防止数据库中存在不正确的数据。数据的安全性是保护数据库防止恶意的破坏和非法的存取。因此,完整性检查和控制的防范对象是不合语义的、不正确的数据,其作用是防止它们进入数据库,安全性控制防范对象是非法用户和非法操作,其作用是防止它们对数据库数据的非法存取。

DBMS 主要通过完整性约束来实现数据库完整性控制机制。完整性约束的对象包括属性、元组和关系三类。这三类对象的状态可以是静态的,也可以是动态的。

1.属性约束

属性约束分为静态属性约束和动态属性约束。前者是指对属性值域的说明,即对数据类型、数据格式和取值范围、可否为空值的约束;后者是指修改定义或属性值应满足的约束条件。

2.元组约束

元组约束分为静态元组约束和动态元组约束。前者是对元组中各个属性值之间关系的约束；后者是指修改元组值时需要参考原值，且新值和原值之间满足的约束条件。

3. 关系约束

关系约束分为静态约束和动态约束。静态关系约束是指一个关系中各元组或者多个关系之间存在的联系约束，包括实体完整性约束、参照完整性约束和用户自定义完整性约束。动态关系约束是指对于关系变化的状态的限制。如事务的一致性、原子性等约束。

5.2.1 几类完整性

关系模型中的三类完整性包括：实体完整性、参照完整性、用户自定义的完整性。其中，实体完整性和参照完整性是关系模型必须满足的完整性约束条件，被称作是关系的两个不变性，应该由关系系统自动支持。用户定义的完整性是应用领域所要遵循的约束条件。

1. 实体完整性

实体完整性是指若属性 A 是基本关系 R 的主属性，则 A 不能取空值。要求在表中不能存在两条完全相同的记录。

实现实体完整性的方法有：主键约束、唯一约束。

实体完整性是针对基本关系而言的，一个基本表通常对应现实世界的一个实体集，例如学生关系对应于学生的集合。现实世界中的实体是可区分的，即它们具有某种唯一性标识；相应地，关系模型中以主码作为唯一性标识。主码中的属性即主属性不能取空值，如果主属性取空值，就说明存在某个不可标识的实体，即存在不可区分的实体。

2. 参照完整性

参照完整性是指在两个表的主键和外键之间数据的完整性，其含义包括保证参照表和被参照表之间数据的一致性，防止数据丢失或者无意义的数据，防止从表中插入被参照表中不存在的关键字的记录。

实现参照完整性的方法有：外键约束、检查子句和断言。

3. 用户自定义的完整性

用户自定义的完整性是针对于某一具体关系数据库的约束条件，它反映某一具体应用所涉及的数据必须满足的语义要求。可直接由 RDBMS 提供，而不必由应用程序承担，系统将实现数据完整性的要求直接定义在表上或列上。

5.2.2 SQL Server 的完整性

SQL Server 中，完整性约束分为：基本关系完整性约束、域完整性约束和断言完整性约束。

1. 实体完整性约束

实体完整性要求表中主键值不能为空且能唯一的标识对应的记录。实体完整性约束又称为行的完整性约束，要求表中主键值不能为空且能唯一地标识对应的记录，主要是 PRIMARY KEY 约束和 UNIQUE 约束，在 CREATE TABLE 中定义。对单属性构成的码有两种说明方法，一种是定义为列级约束条件，另一种是定义为表级约束条件，对多个属性构成的码只有一种说明方法，即定义为表级约束条件。

【例 5-9】 将 Student 表中的 Sno 属性定义为码。

```
CREA TETABLE Student
```

```
(Sno CHAR(9)PRIMARY KEY,
Sname CHAR(20) NOT NULL,
Ssex CHAR(2),
Sage SMALLINT,
Sdept CHAR(20)
);
```

或者

```
CREATETABLE Student
(Sno CHAR(9),
Sname CHAR(20) NOT NULL,
Ssex CHAR(2),
Sage SMALLINT,
Sdept CHAR(20)
PRIMARY KEY(Sno)
);
```

用 PRIMARY KEY 短语定义了关系的主码后,每当用户程序对基本表插入一条记录或者对主码列进行更新操作时,RDBMS 将按照完整性规则进行检查,即检查主码值是否唯一,如果不唯一则拒绝插入或修改;检查主码的各个属性是否为空,只要有一个为空就拒绝插入或修改。

注:每张表只能有一个 PRIMARY KEY 约束,输入的值必须是唯一的;不允许空值;PRIMARY KEY 将在指定列上创建唯一索引。

2. 参照完整性约束

参照完整性又称为引用完整性,它保证了主表中的数据与从表中数据的一致性,主要表现在外键的定义和完整性检查与处理方面。当参照关系与依赖关系的操作出现破坏参照完整性情况时,系统默认策略是拒绝执行相应操作,否则需要在定义外键时特别的说明。关系模型中的参照完整性在 CREATE TABLE 中用 FOREIGN KEY 短语定义哪些列为外码,用 REFERENCES 短语指明这些外码参照哪些表的主码。

【例 5 - 10】 定义 SC 中的参照完整性。

```
CREATE TABLE SC
(Sno CHAR(9) NOT NULL,
Cno CHAR(4) NOT NULL,
Grade SMALLINT,
PRIMARY KEY(Sno,Cno),
FOREIGN KEY (Sno),REFERENCES Student(Sno),
FOREIGN KEY (Cno),REFERENCES Course(Cno)
);
```

参照完整性将两个表中的相应元组联系起来了,因此在对参照表和被参照表进行增删操作时可能破坏参照完整性,当有不一致发生时,系统可以采用以下违约处理措施进行处理,如表 5.2 所示。

表 5.2 可能破坏参照完整性的情况及违约处理

被参照表	参照表	违约处理
可能破坏参照完整性	插入元组	拒绝执行
可能破坏参照完整性	修改外码值	拒绝执行
删除元组	可能破坏参照完整性	拒绝执行/级连删除/设置空值
修改主码值	可能破坏参照完整性	拒绝执行/级连修改/设置空值

(1)拒绝执行(NO ACTION):即不允许该操作执行,该策略一般设置为默认策略。

(2)级联操作(CASCASDE):当删除或修改被参照表的一个元组造成了与参照表的不一致时,则删除或修改参照表中的所有造成不一致的元组。

(3)设置空值(SET NULL):当删除或修改被参照表的一个元组时造成了不一致,则将参照表中的所有造成不一致的元组对应属性设置为空值。

3.用户自定义完整性约束

用户自定义完整性主要表现在以下三种情况:

* 列值非空(NOT NULL);

* 列值唯一(UNIQUE);

* 检查列值是否满足一个布尔表达式(CHECK)。

(1)列值非空。

【例 5-11】 在定义 SC 表时,说明 Sno、Cno、Grade 属性不允许取空值。

```
CREATE TABLE SC
(Sno CHAR(9) NOT NULL,
Cno CHAR(4) NOT NULL,
Grade SMALLINT NOT NULL,
PRIMARY KEY(Sno, Cno)
);
```

(2)列值唯一。

【例 5-12】 建立部门表 DEPT,要求部门名称 Dname 列取值唯一,部门编号 Deptno 列为主码。

```
CREATE TABLE DEPT
(Deptno NUMERIC(2),
Dname CHAR(9) UNIQUE,
Location CHAR(10),
PRIMARY KEY (Deptno)
);
```

(3)用 CHECK 短语指定列值应该满足的条件。

【例 5-13】 Student 表的 Ssex 只允许取"男"或"女"。

```
CREATE TABLE Student
(Sno CHAR(9) PRIMARY KEY,
Sname CHAR(8) NOT NULL,
Ssex CHAR(2) CHECK(Ssex IN (´男´´女´)),
Sage SMALLINT,
Sdept CHAR(20)
);
```

用户自定义的完整性约束中,还可使用域约束和断言约束两种技术。

- SQL 域约束作用于所有属于制定域的属性列。基本语句:

       CREATE DOMAIN〈域名〉〈域类型〉CHECK〈条件〉

- 断言约束:当完整性约束涉及面较广,与多个关系有关,或涉及聚合操作时,可使用断言约束。基本语句:

       CREATE ASSERTION〈断言名〉CHECK〈条件〉

注:CHECK 约束实际上是字段输入内容的验证规则,表示一个字段的输入内容必须满足 CHECK 约束的条件,若不满足,则数据无法正常输入;CHECK 语句通常是基于元组的完整性限制,可以设置不同属性间取值的相互制约条件;CHECK 语句只对定义它的关系起到约束作用。

5.3 数据库恢复

尽管数据库系统中采取了各种保护措施来防止数据库的安全性和完整性被破坏,保证并发事务的正确执行,但是计算机系统中硬件的故障、软件的错误、操作员的失误以及恶意的破坏仍是不可避免的,这些故障轻则造成运行事务非正常中断,影响数据库中数据的正确性,重则破坏数据库,使数据库中全部或部分数据丢失。因此数据库管理系统必须具有把数据库从错误状态恢复到某一已知的正确状态的功能,这就是数据库的恢复。

在讨论数据库的恢复技术之前先讲解事务的基本概念和事务的性质。有关事务的具体内容将在第 9 章中进行讲解。

5.3.1 事务

事务是数据库的逻辑工作单位,由用户定义的一组操作序列组成,序列中的操作要么全做,要么全不做。

在应用程序中,事务以 BEGIN TRANSACTION 语句开始,以 COMMIT(提交)语句或 ROLLBACK(回退或撤消)语句结束。一个程序的执行可通过若干事务的执行序列来完成。事务是不能嵌套的,可恢复的操作必须在一个事务的界限内才能执行。

事务的 ACID 特性:原子性(Atomicity)、一致性(Consistency)、隔离性(Isolation)和可持续性(Durability)。

1. 原子性

事务的原子性指的是,事务是数据库的逻辑工作单位,事务中包括的诸操作要么都做,要么都不做。

2.一致性

事务执行的结果必须是使数据库从一个一致性状态变到另一个一致性状态。如果数据库的状态满足所有的完整性约束，就说该数据库是一致的，因此当数据库只包含成功事务提交的结果时，就说数据库处于一致性状态。例如，当数据库处于一致性状态 S1 时，对数据库执行一个事务，在事务执行期间假定数据库的状态是不一致的，当事务执行结束时，数据库又会处在一致性状态 S2。

3.隔离性

事务的隔离性是指，一个事务内部的操作及使用的数据对其他并发事务是隔离的，并发执行的各个事务之间不能互相干扰，一个事务的执行不能被其他事务干扰。

4.持续性

持续性意味着当系统或介质发生故障时，确保已提交事务的更新不能丢失，是指一个事务一旦提交，它对数据库中数据的改变就应该是永久性的，接下来的其他操作或故障不应该对其执行结果有任何影响。

使用事务时应该考虑以下因素：

(1)不要在事务处理期间要求用户输入，在事务启动之前，获得所有需要的用户输入。如果在事务处理期间还需要其他用户输入，则回滚当前事务，并在提供了用户输入之后重新启动该事务。即使用户立即响应，作为人，其反应时间也要比计算机慢得多，事务占用的所有资源都要保留相当长的时间，这有可能会造成阻塞问题，如果用户没有响应，事务仍然会保持活动状态，从而锁定关键资源直到用户响应为止，但是用户可能会几分钟甚至几个小时都不响应。

(2)在浏览数据时，尽量不要打开事务。在所有预备的数据分析完成之前，不应启动事务。

(3)尽可能使事务保持简短。在知道要进行的修改之后，启动事务，执行修改语句，然后立即提交或回滚，只有在需要时才打开事务。

(4)若要减少阻塞，请考虑针对只读查询使用基于行版本控制的隔离级别。

(5)灵活地使用更低的事务隔离级别，可以很容易地编写出许多使用只读事务隔离级别的应用程序，并不是所有事务都要求可序列化的事务隔离级别。

(6)灵活地使用更低的游标并发选项，例如开放式并发选项，并在更新的可能性很小的系统中，处理"别人在读取数据后更改了数据"的偶然开销要比在数据时始终锁定行的开销小得多。

(7)在事务中尽量使访问的数据量最小。这样可以减少锁定的行数，从而减少事务之间的争夺。

在 SQL Server 中有以下四种事务模型：

(1)自动提交事务：每条单独的语句都是一个事务。

(2)显式事务：每个事务均以 BEGIN TRANSACTION 语句显式开始，以 COMMIT 或 ROLLBACK 语句显式完成。

(3)隐式事务：在前一个事务完成时新事务隐式启动，但每个事务仍以 COMMIT 或 ROLLBACK 语句显式完成。

（4）批处理级事务：只能应用于多个活动结果集（MARS），在 MARS 会话中启动的 T-SQL 显式或隐式事务变为批处理级事务。当批处理完成时没有提交或回滚的批处理事务自动由 SQL Server 进行回滚。

事务三种运行模式：

（1）自动提交事务：每条单独的语句都是一个事务。

（2）显式事务：每个事务均以 BEGIN TRANSACTION 语句显式开始，以 COMMIT 或 ROLLBACK 语句显式结束。

（3）隐性事务：在前一个事务完成时新事务隐式启动，但每个事务仍以 COMMIT 或 ROLLBACK 语句显式完成。

5.3.2 恢复的原则与方法

数据库的恢复是指当数据库系统发生故障时，通过一些技术，使数据库从被破坏、不正确的状态恢复到最近一个正确的状态。

恢复的基本原则很简单，就是"建立冗余"，即数据的重复存储。

实现方法有：

（1）定期对数据库进行复制或转储（dump）。转储有静态转储、动态转储、海量转储和增量转储。

静态存储是指转储期间不允许对数据库进行任何存取、修改活动；动态存储是指转储期间允许对数据库进行存取、修改，即转储和用户事务可以并发执行；海量存储是指每次转储全部数据库；增量存储则指每次只转储上次转储后更新过的数据。

（2）建立"日志"文件。在建立日志文件的时候遵循记录优先原则，即至少要等相应的运行记录已经写入"日志"文件后，才能允许事务往数据库写数据；直到事务的所有运行记录都已写入运行"日志"文件后，才能允许事务完成"END TRANSACTION"处理。

（3）恢复。发生故障时有两种处理方法，如数据库已破坏，则由 DBA 装入最近备份的数据库然后利用"日志文件"执行 REDO（重做）操作。如数据库未被损坏，但某些数据不可靠，则系统会自动执行 UNDO 操作恢复数据。

5.3.3 SQL 中的恢复操作

在 SQL 标准中，有：

（1）COMMIT 语句，提交命令，体现事务结束，保证对数据库的修改写到实际数据库中；

（2）ROLLBACK 语句，恢复命令，把前面未作过 COMMIT 的修改全部撤销。

两点说明：

（1）用 COMMIT 语句将目前对数据库的操作提交数据库以后就不能用 ROLLBACK 取消；

（2）在 Oracle 的 SQL * PLUS 中，有自动提交功能，以减少 COMMIT 功能，自动提交的内容不能用 ROLLBACK 恢复。

5.4 数据库并发性控制

5.4.1 并发操作问题

DBMS 中并发控制的任务是确保在多个事务同时存取数据库中同一数据时不破坏事务

的隔离性和统一性以及数据库的统一性。下面举例说明并发操作带来的数据不一致性问题。

现有两处火车票售票点,同时读取某一趟列车车票数据库中车票余额为 X。两处售票点同时卖出一张车票,同时修改余额为 X-1 写回数据库,这样就造成了实际卖出两张火车票而数据库中的记录却只少了一张。

产生这种情况的原因是因为两个事务读入同一数据并同时修改,其中一个事务提交的结果破坏了另一个事务提交的结果,导致其数据的修改被丢失,破坏了事务的隔离性。并发控制要解决的就是这类问题。

仔细分析并发操作带来的数据不一致性包括三类:丢失修改、不可重复读和读"脏"数据,如表 5.3 所示。

表 5.3　数据不一致的三种情况

T1	T2	T1	T2	T1	T2
①读 A=16 ② ③A←A-1 　写回 A=15 ④	 读 A=16 A←A-1 写回 A=15	①读 A=50 　读 B=100 　求和=150 ② ③读 A=50 　读 B=200 　和=250 　验算不对	 读 B=100 B←B*2 写回 B=200	①读 C=100 　C←C*2 　写回 C=200 ② ③ROLLBACK C 恢复为 100	 读 C=200
(1)丢失修改		(2)不可重复读		(3)读"脏"数据	

1. 丢失修改(lost update)

两个事务 T1 和 T2。读入同一数据并修改,T2 提交的结果破坏了 T1 提交的结果,导致 T1 的修改被丢失,如表 5.3 所示。上面火车票的例子就属此类。

2. 不可重复读(non-repeatable read)

不可重复读,是指在数据库访问中,一个事务范围内两个相同的查询却返回了不同数据。这是由于查询时系统中其他事务修改后提交而引起的。这种修改具体包括三种情况:更新、删除、插入。后两种操作引起的不可重复读有时也称为幻影(Phantom Row)现象。比如上表(2)事务 T1 读取某一数据,事务 T2 读取并修改了该数据,T1 为了对读取值进行检验而再次读取该数据,便得到了不同的结果。

3. 读"脏"数据(dirty read)

读"脏"数据是指事务 T1 修改某一数据,并将其写回磁盘,事务 T2 读取同一数据后,T1 由于某种原因被撤销,这时 T1 已修改过的数据恢复原值,T2 读到的数据就与数据库中的数据不一致,则 T2 读到的数据就为"脏"数据,即不正确的数据。例如在上表(3)中 T1 将 C 值修改为 200,T2 读到 C 为 200,而 T1 由于某种原因撤销,其修改作废,C 恢复原值 100,这时

T2读到的C为200,与数据库内容不一致就是"脏"数据。

产生上述三类数据不一致性的主要原因是并发操作破坏了事务的隔离性。并发控制就是要用正确的方式调度并发操作,使一个用户事务的执行不受其他事务的干扰,从而避免造成数据的不一致性。

另一方面,对数据库的应用有时允许某些不一致性,例如有些统计工作涉及数据量很大,读到一些"脏"数据对统计精度没什么影响,这时可以降低对一致性的要求以减少系统开销。

并发控制的主要技术是封锁(locking)。例如在飞机订票例子中,甲事务要修改A,若在读出A前先锁住A,其他事务就不能再读取和修改A了,直到甲修改并写回A后解除了对A的封锁为止。这样,就不会丢失甲的修改。

5.4.2 封锁

封锁是一项用于多用户同时访问数据库的技术,是实现并发控制的一项重要手段,能够防止当多用户改写数据库时造成数据丢失和损坏。当有一个用户对数据库内的数据进行操作时,在读取数据前先锁住数据,这样其他用户就无法访问和修改该数据,直到这一数据修改并写回数据库解除封锁为止。

DBMS通常提供了多种类型的封锁,一个事务对某个数据对象具有什么样的控制是由封锁类型所决定的。基本的封锁类型有:排它锁(exclusive locks,简称X锁)和共享锁(share locks,简称S锁)。

(1)排它锁又称为写锁。若事务T对数据对象A加上X锁,则只允许T读取和修改A,其他任何事务都不能再对A加任何类型的锁,直到T释放A上的锁,这就保证了其他事务在T释放A上的锁之前不能再读取和修改A。

(2)共享锁又称为读锁。若事务T对数据对象A加上S锁,则事务T可以读取A,但不能修改A,其他任何事务只能再对A加S锁,而不能加X锁,直到T释放A上的S锁,这就保证了其他事务可以读A,但在T释放A上的锁之前不能对A做任何修改。

排它锁和共享锁可以用下面的相容矩阵来表示。

T1 \ T2	X	S	—
X	N	N	Y
S	N	Y	Y
—	Y	Y	Y

注:Y=YES,相容的请求;N=NO,不相容的请求

在运用X锁和S锁对数据对象加锁时,需要约定一些规则,即封锁协议,封锁协议规定了何时申请X锁或S锁、持锁时间和何时释放锁。封锁协议在一定程度上为并发操作的正确调度提供一定的保证。常用的封锁协议有:三级封锁协议。

(1)1级封锁协议。事务T在修改数据R之前必须先对其加X锁,直到事务结束才释放。1级封锁协议可防止丢失修改,在1级封锁协议中,如果是读数据,不需要加锁,所以它不能保证可重复读和不读"脏"数据。

(2)2 级封锁协议。在 1 级封锁协议的基础上,事务 T 在读取数据 R 前必须先加 S 锁,读完后即可释放 S 锁。

2 级封锁协议可以防止丢失修改和读"脏"数据。但是由于读完数据后即可释放 S 锁,所以它不能保证可重复读。

(3)3 级封锁协议。在 1 级封锁协议的基础上,事务 T 在读取数据 R 之前必须先对其加 S 锁,直到事务结束才释放。

3 级封锁协议可防止丢失修改、读"脏"数据和不可重复读。

5.4.3 死锁与活锁

1.活锁

如果事务 T1 锁定了数据库对象 A,事务 T2 又请求已被事务 T1 锁定的对象 A,但失败且需要等待,此时,事务 T3 也请求已被事务 T1 锁定的对象 A,也失败且需要继续等待。当事务 T1 释放对象 A 上的锁时,系统批准了事务 T3 的请求,使得事务 T2 继续等待,此时事务 T4 请求已被事务 T3 锁定的对象 A,但失败且需要继续等待,当事务 T3 释放对象 A 上的锁时,系统批准了事务 T4 的请求,使得事务 T2 依然等待……这就有可能使事务 T2 永远等待,这就是活锁的情形。

避免活锁的方法比较简单,只需要采用先来先服务的策略。当多个事务请求封锁同一数据对象时,封锁子系统按请求封锁的先后次序对事务排队,数据对象上的锁一旦释放就批准申请队列中第一个事务的请求,使得锁定数据库对象,以便完成数据库操作,及时结束事务。

2.死锁

如果事务 T1 封锁了数据库对象 A1,事务 T2 封锁了数据库对象 A2,然后事务 T1 又请求已被事务 T2 锁定的对象 A2,因事务 T2 已封锁了 A2,所以失败,需要等待,这样就出现了 T1 在等待 T2,T2 又在等待 T1 的局面,T1 和 T2 两个事务永远不能结束,这就是死锁的情况。

产生死锁的原因是两个或多个事务都锁定了一些数据库对象,然后又都需要锁定对方的数据库对象而且失败需要等待所造成的。

解决死锁问题主要有两类方法,一类方法是采取一定的措施来预防死锁的发生,另一类方法是允许发生死锁,采用一定手段定期诊断系统中有无死锁,若有则解除之。

1)死锁的预防

预防死锁主要有两种方法:一次封锁法和顺序封锁法。

(1)一次封锁法。一次封锁法要求每个事务必须一次将所有要使用的数据全部加锁,否则就不能继续执行。

一次封锁法虽然可以有效地防止死锁的发生,但也存在问题。第一,一次就将以后要用到的全部数据加锁,势必扩大了封锁的范围,从而降低了系统的开发度。第二,数据库中数据是不断变化的,原来不要求封锁的数据,在执行过程中可能会变成封锁对象,所以很难实现精确地确定每个事务所要封锁的数据对象,为此只能扩大封锁范围,将事务在执行过程中可能要封锁的数据对象全部加锁,这就降低了并发度。

(2)顺序封锁法。顺序封锁法是预先对数据对象规定一个封锁顺序,所有事务都按这个顺序进行封锁,例如在 B 树结构的索引中,可规定封锁的顺序必须是从根节点开始,然后是下一级的子女节点,逐级封锁。

顺序封锁法可以有效地防止死锁,但也同样存在问题。第一,数据库系统中封锁的数据对象极多,并且随数据的插入、删除等操作而不断地变化,要维护这样规定的封锁顺序非常困难,成本很高。第二,事务的封锁请求可以随着事务的执行而动态地决定,很难确定每一个事务要封锁哪些对象,因此也就很难按规定的顺序去施加封锁。

可见,在操作系统中广为采用的预防死锁的策略并不很适合数据库的特点,因此 DBMS 在解决死锁的问题上普遍采用的是诊断并解除死锁的方法。

2)死锁的诊断与解除

诊断死锁的方法主要有两种:超时法和等待图法。

(1)超时法。如果一个事务的等待时间超过了规定的时限,就认为发生了死锁。超时法实现简单,但其不足也很明显。一是有可能误判死锁,即事务因为其他原因等待时间超过时限,系统误认为发生了死锁。二是时限若设置得太长,死锁发生后不能及时发现。

(2)等待图法。用离散数据的图论来诊断死锁的方法,即用事务等待图动态反映所有事务的等待情况。事务等待图是一个有向图 $G=(T,U)$,T 为正在运行的各个事务的结点的集合,U 为有向边,每条边表示事务等待的情况。若 T1 等待 T2,则 T1,T2 之间划一条有向边,从 T1 指向 T2。

DBMS 的并发控制子系统周期性的检测事务等待图,如果发现图中存在回路,则表示系统中出现了死锁,就会给予提示,设法解除该死锁。

解除死锁的方法是选择一个处理死锁代价最小的事务,将其撤销,使其释放其持有的所有的锁,以便其他事务可以获得相应的锁,使其他事务能继续运行下去。

5.4.4 两段封锁预防

并行操作对并行事务的操作的调度是随机的,不同的调度可能产生不同的结果。为了保证并发调度的正确性,DBMS 的并发机制必须提供一定的手段来保证调度是可串行化的。

若每个事务的基本操作都串连在一起,没有其他事务的操作与之交叉执行,这样的调度称为串行调度,多个事务的串行调度,其执行结果一定是正确的。但串行调度限制了系统并行性的发挥,而很多并行调度又不具有串行调度的结果,所以我们必须研究具有串行调度效果的并行调度方法。

当且仅当某组并发事务的交叉调度产生的结果和这些事务的某一串行调度的结果相同,则称这个交叉调度是可串行化的。可串行化是并行事务正确性的准则,一个交叉调度,当且仅当它是可串行化的,它才是正确的。两段锁协议是保证并行事务可串行化的方法。

两段封锁是指所有事务必须分两个阶段对数据项加锁和解锁。第一阶段是扩展阶段,在这一阶段,事务可以申请获得任何数据项上的任何类型的锁,但是不能释放任何锁;第二阶段是释放封锁,也称为收缩阶段。在这阶段,事务可以释放任何数据项上的任何类型的锁,但是不能再申请任何锁。在释放一个封锁之后,事务不再申请和获得任何其他封锁。对于一个事务而言,刚开始事务处于扩展阶段,它可以根据需要获得锁;一旦该事务开始释放锁,它就进入了收缩阶段,就不能再发出加锁请求。

例如,事务 T 遵守两段封锁,其封锁序列是:

$$\underbrace{\text{Slock A} \quad \text{Slock B} \quad \text{Xlock C}}_{\text{扩展阶段}} \qquad \underbrace{\text{Unlock B} \quad \text{Unlock A} \quad \text{Unlock C}}_{\text{收缩阶段}}$$

又如,事务 T 不遵守两段封锁,其封锁序列是:

    Slock A   Unlock A   Slock B   Xlock C   Unlock C   Unlock B

可以证明,若并发执行的所有事务均遵守两段封锁,则对这些事务的任何并发调度策略都是可串行化的。

例如,下表所示的调度是遵守两段封锁的,因此一定是一个可串行化的调度。

表 5.4　遵守两段封锁协议

事务 T1	事务 T2
Slock(A)	
R(A=260)	
	Slock(C)
	R(C=300)
Xlock(A)	
W(A=160)	
	Xlock(C)
	W(C=250)
	Slock(A)
Slock(B)	等待
R(B=1000)	等待
Xlock(B)	等待
W(B=1100)	等待
Unlock(A)	等待
	R(A=160)
	Xlock(A)
Unlock(B)	
	W(A=210)
	Unlock(C)

需要说明的是,事务遵守两段封锁是可串行调度的充分条件,而不是必要条件。也就是说,若并发事务都遵守两段锁协议,则对这些事务的任何并发调度策略都是可串行化的;但是,若并发事务的一个调度是可串行化的,不一定所有事务都符合两段封锁。

两段封锁和防止死锁的一次封锁法是不同的。一次封锁要求每个事务必须一次将所有要使用的数据全部加锁,否则就不能继续执行。因此一次封锁法遵守两段封锁,但是两段封锁并不要求事务必须一次将所有要使用的数据全部加锁,因此遵守两段封锁的事务可能发生死锁,如表 5.5 所示。

表 5.5　遵守两段封锁的事务发生死锁的情况

T1	T2
Slock B R(B)＝2	
	Slock A 读 A＝2
Xlock A 等待 等待	Xlock B 等待

　　两段封锁协议与三级封锁协议是两类不同目的的协议,两段锁协议是为了保证并发调度的正确性,而三级封锁协议在不同程度上保证了数据的一致性。同样的,遵守第三级封锁协议必然遵守两段封锁协议。

第6章 数据库设计

目前,数据库的应用越来越广泛,各种信息系统及大型网站的建设都采用先进的数据库技术,以实现对数据的系统管理,保证数据的整体性、完整性和共享性。所以,在进行基于数据库的应用系统开发时,数据库设计已成为一项核心工作。

数据库设计是指对于一个给定的应用环境,构造(设计)优化的数据库逻辑模式和物理结构,并据此建立数据库及其应用系统,使之能够有效地存储和管理数据,满足各种用户的应用需求,包括信息管理要求和数据操作要求,方便数据的访问和共享。

6.1 设计概述

6.1.1 软件方法学

软件方法学(software methodology)是以方法为研究对象的软件学科。主要涉及指导软件设计的原理和原则,以及基于这些原理、原则的方法和技术。狭义的也指某种特定的软件设计指导原则和方法体系。不论何种含义,其关注的中心问题是如何设计正确的软件和高效率地设计软件。

软件方法学的目的是寻求科学方法的指导,使软件开发过程"纪律化",即要寻找一些规范的"求解过程",把软件开发活动置于坚实的理论基础之上。软件工程与软件方法学的方法不同,软件工程是侧重于借鉴传统工程学科,最终目的是把软件生产变成一门制造工程。两者之间的关系是软件工程需要软件方法学为依据和指导;方法学依赖于软件工程,特别是环境工具来发挥实际效用。

(1)从开发方法上讲,软件方法学可分为

- 自顶向下方法;
- 自底向上方法;
- 结构化方法;
- 面向数据结构的开发方法;
- 面向对象方法(以对象、消息为基础);
- 模块化方法。

(2)从性质上讲,软件方法学可分为形式化方法和非形式化方法。

(3)从适用范围上讲,软件方法学可分为整体性方法和局部性方法。

6.1.2 数据库设计方法学

数据库设计方法学是一些原则、工具和技术的组合,用于指导实施数据库系统的开发与研究。一个好的数据库设计方法应该能在合理的期限内,以合理的工作量产生一个有实用价值的数据库结构。

大型数据库设计是涉及多学科的综合性技术，又是一项庞大的工程项目。它要求从事数据库设计的专业人员具备多方面的技术和知识，主要包括：

- 计算机的基础知识；
- 软件工程的原理和方法；
- 程序设计的方法和技巧；
- 数据库的基本知识；
- 数据库设计技术；
- 应用领域的知识。

这样才能设计出符合具体领域要求的数据库及其应用系统。

早期数据库设计主要采用手工与经验相结合的方法。设计的质量往往与设计人员的经验与水平有直接的关系。数据库设计是一种技艺，缺乏科学理论和工程方法的支持，设计质量难以保证。常常是数据库运行一段时间后又不同程度地发现各种问题，需要进行修改甚至重新设计，增加了系统维护的代价。

为此，人们努力探索，提出了各种数据库的设计方法，目前可分为四类：直观设计法、规范设计法、计算机辅助设计法和自动化设计法。简单介绍以下几种方法：

（1）新奥尔良（New Orleans）方法。1978 年 10 月，来自 30 多个国家的数据库专家在美国新奥尔良（New Orleans）市专门讨论了数据库设计问题，他们运用软件工程的思想和方法，提出了数据库设计的规范，这就是著名的新奥尔良法，它是目前公认的比较完整和权威的一种规范设计法。新奥尔良法将数据库设计分成需求分析（分析用户需求）、概念设计（信息分析和定义）、逻辑设计（设计实现）和物理设计（物理数据库设计）。目前，常用的规范设计方法大多起源于新奥尔良法，并在设计的每一阶段采用一些辅助方法来具体实现。

（2）基于 E-R 模型的数据库设计方法。该方法是数据库概念设计阶段广泛采用的方法。它是由 P. P. S. Chen 于 1976 年提出的数据库设计方法，其基本思想是在需求分析的基础上，用 E-R（实体—联系）图构造一个反映现实世界实体之间联系的企业模式，然后再将此企业模式转换成基于某一特定的 DBMS 的概念模式。

（3）3NF（第三范式）的设计方法。基于 3NF 的数据库设计方法是由 S. Atre 提出的结构化设计方法，其基本思想是在需求分析的基础上，确定数据库模式中的全部属性和属性间的依赖关系，将它们组织在一个单一的关系模式中，然后再分析模式中不符合 3NF 的约束条件，将其进行投影分解，规范成若干个 3NF 关系模式的集合。该方法以关系数据理论为指导来设计数据库的逻辑模型，是设计关系数据库时在逻辑阶段可以采用的一种有效方法。

（4）ODL（Object Definition Language）方法。这是面向对象的数据库设计方法。该方法用面向对象的概念和术语来说明数据库结构。ODL 可以描述面向对象数据库设计结构，可以直接转换为面向对象的数据库。

数据库工作者一直在研究和开发数据库设计工具。经过多年的努力，数据库设计工具已经实用化和产品化。例如，Designer 2000 和 Power Designer 分别是 ORACLE 公司和 SYBASE 公司推出的数据库设计工具软件，这些工具软件可以辅助设计人员完成数据库设计过程中的很多任务，已经普遍地用于大型数据库设计之中。

6.1.3 数据库设计步骤

按照规范设计的方法,考虑数据库及其应用系统开发全过程,将数据库设计分为以下 6 个阶段(如图 6.1 所示):

- 需求分析;
- 概念结构设计;
- 逻辑结构设计;
- 物理结构设计;
- 数据库实施;
- 数据库运行和维护。

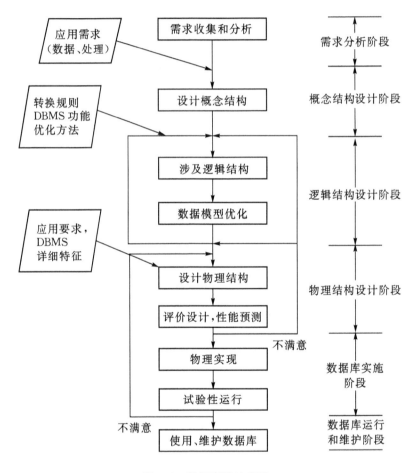

图 6.1 数据库设计步骤

在数据库设计过程中,需求分析和概念设计可以独立于任何数据库管理系统进行。逻辑设计和物理设计与选用的 DBMS 密切相关。

数据库设计开始之前,首先必须选定参加设计的人员,包括系统分析人员、数据库设计人员、应用开发人员、数据库管理员和用户代表。系统分析和数据库设计人员是数据库设计的核心人员,他们将自始至终参与数据库设计,他们的水平决定了数据库系统的质量。用户和数据库管理员在数据库设计中也是举足轻重的,他们主要参加需求分析和数据库的运行和维护,他们的积极参与(不仅仅是配合)不但能加速数据库设计,而且也是决定数据库设计质量的重要因素。应用开发人员(包括程序员和操作员)分别负责编制程序和准备软硬件环境,他们在系统实施阶段参与进来。

如果所设计的数据库应用系统比较复杂,还应该考虑是否需要使用数据库设计工具以及选用何种工具,以提高数据库设计质量并减少设计工作量。

1. 需求分析阶段

从数据库设计的角度来看,需求分析的任务是对现实世界要处理的对象进行详细的调查了解,通过对原有系统的了解,收集支持新系统的基础数据,并对其进行处理,在此基础上确定新系统的功能。简言之,就是获得用户对所要建立的数据库的信息内容和处理要求的全面描述。

进行数据库设计首先必须准确了解与分析用户需求(包括数据与处理)。需求分析是整个设计过程的基础,是最困难、最耗费时间的一步。作为"地基"的需求分析是否做得充分与准确,决定了在其上构建数据库大厦的速度与质量。需求分析做得不好,甚至会导致整个数据库设计返工重做。

2. 概念结构设计阶段

在需求分析阶段,数据库设计人员充分调查了用户的需求,并对分析结果进行了详细地描述,但这些需求还是现实世界的具体要求。接下来应该通过选择、命名、分类等操作,将这些具体要求抽象为信息世界的结构,便于设计人员更好地用某一个 DBMS 来实现用户的这些需求。

将需求分析得到的用户需求抽象为信息世界结构(概念模型)的过程就是概念结构设计。概念结构设计是整个数据库设计的关键,它通过对用户需求进行综合、归纳与抽象,形成一个独立于具体 DBMS 的概念模型,如 E-R 模型。

3. 逻辑结构设计阶段

数据库逻辑结构设计的任务是把概念结构设计阶段所得到的与 DBMS 无关的数据模型,转换成某一个 DBMS 所支持的数据模型表示的逻辑结构。数据库的逻辑结构不是简单地将概念模型转化成逻辑模型的转换过程,而是要进一步深入解决数据库设计中的一些技术问题,如数据模型的规范化、满足 DBMS 的各种限制条件等。

4. 物理设计阶段

物理设计是为逻辑数据模型选取一个最适合应用环境的物理结构(包括存储结构和存取方法)。例如,文件结构、各种存取路径、存储空间的分配、记录的存储格式等,即数据库的内模式。数据库的内模式虽然不直接面向用户,但对数据库的性能影响很大。

5. 数据库实施阶段

在数据库实施阶段,设计人员运用 DBMS 提供的数据库语言(如 SQL)及其宿主语言,根据逻辑设计和物理设计的结果建立数据库,编制与调试应用程序,组织数据入库,并进行试运行。数据库实施阶段主要包括以下工作:用 DDL 定义数据库结构、组织数据入库、编制与调试应用程序、数据库试运行。

6. 数据库运行和维护阶段

数据库应用系统经过试运行后即可投入正式运行。在数据库系统运行过程中,必须不断地进行评价、调整与修改,包括数据库的存储和恢复、数据库的安全性和完整性控制;以及数据库性能的监督、分析和改进、数据库的重组织和重构造。

设计一个完善的数据库应用系统往往是上述 6 个阶段的不断反复。

6.2 需求分析

需求分析简言之就是分析用户的需求。需求分析是设计数据库的第一个阶段,也是数据库应用系统设计的起点。要特别强调需求分析的重要性,因为设计人员忽视或不善于进行需求分析,而导致数据库应用系统开发周期一再延误,甚至导致开发项目最终失败的案例已不少。需求分析的结果是否准确地反映用户的实际要求,将直接影响到后面各个阶段的设计,并影响到设计结果是否合理和实用。

6.2.1 需求描述

在需求分析阶段,通过对数据库用户及各个环节的有关人员做详细调查分析,了解现实当中具体工作的全过程及各个环节,在与应用单位有关人员的共同商讨下,初步归纳出以下内容:

(1)信息需求。指用户需要从数据库中获得信息的内容与性质。由信息要求可以导出数据要求,即在数据库中需要存储哪些数据。

(2)处理需求。指用户要完成什么处理功能,对处理的响应时间有什么要求,处理方式是批处理还是联机处理。

(3)安全性与完整性需求。确定用户的最终需求是一件很困难的事。这是因为一方面用户缺乏计算机知识,开始时无法确定计算机究竟能为自己做什么,不能做什么,因此往往不能准确地表达自己的需求,所提出的需求往往不断地变化。另一方面,设计人员缺少用户的专业知识,不易理解用户的真正需求,甚至误解用户的需求。因此设计人员必须不断深入地与用户交流,才能逐步确定用户的实际需求。

6.2.2 需求分析方法

进行需求分析首先是调查清楚用户的实际要求,与用户达成共识,然后分析与表达这些需求。

在调查过程中,可以根据不同的问题和条件,使用不同的调查方法。常用的调查方法有:

(1)跟班作业。通过亲身参加业务来了解各相关部门的组成及相应的职责、业务活动的情况,从而掌握部门与业务活动的关系。了解业务活动中已经信息化的部分、已经信息化的业务中需要改进的部分,以及业务活动中哪些可以信息化。这种方法可以准确地理解用户的具体需求,但比较耗费时间。

(2)开调查会。通过与每个职能部门的负责人和部门内有关专业人员座谈来了解业务情况及用户需求。座谈时,参加者可以相互启发。

(3)请专人介绍。一般请工作多年、熟悉业务流程的业务专家,详细介绍业务情况,包括每一项业务的输入、输出,以及处理要求,即现存系统的优点和不足之处。让系统设计者充分了解工作中用户的需求,特别是工作现状中已经比较明确的业务流程、先进的管理过程,了解工作中比较繁琐的工作有哪些,有没有通过信息化手段可以改进的地方。

(4)询问。对某些调查中的问题,可以找专人询问。

(5)设计调查表请用户填写。如果调查表设计得合理,这种方法是很有效的,能够充分了解用户的需求,并且也易于被用户接受。

(6)查阅记录。查阅与原系统有关的数据记录。

做需求调查时,往往需要同时采用上述多种方法。但无论使用何种调查方法,都必须有用户的积极参与和配合。

调查了解了用户需求以后,还需要进一步分析和表达用户的需求。在众多的分析方法中结构化分析(Structured Analysis,SA)方法是一种简单实用的方法。SA 方法从最上层的系统组织机构入手,采用自顶向下、逐层分解的方式分析系统。SA 方法把任何一个系统都抽象为图 6.2 所示的形式。

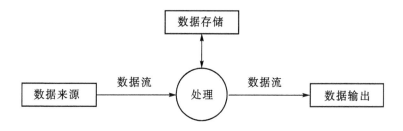

图 6.2 系统高层抽象图

图 6.2 给出的只是最高层次抽象的系统概貌,要反映更详细的内容,可将处理功能分解为若干子功能,每个子功能还可以继续分解,直到把系统工作过程表示清楚为止。在处理功能逐步分解的同时,它们所用的数据也逐级分解,形成若干层次的数据流图。

数据流图表达了数据和处理过程的关系。在 SA 方法中,处理过程的处理逻辑常常借助判定表或判定树来描述。系统中的数据则借助数据字典(Data Dictionary,DD)来描述。

对用户需求进行分析与表达后,必须提交给用户,征得用户的认可。

6.2.3 需求分析步骤

需求分析主要包括以下步骤:理清业务流程、确定系统功能、画出数据流程图和编写数据字典。

1. 理清业务流程

在需求分析阶段,首先要仔细了解用户当前的业务活动,搞清楚业务流程。如果业务比较复杂,可以将业务分解,将一个处理分解成几个子处理,直到每个处理功能明确、界面清晰,最好画出业务流程图。业务流程图是用规定的符号及连线来描述某个具体业务处理过程的工具,便于用户和设计者之间的沟通。绘制业务流程图的常用符号如图 6.3 所示。

如图 6.4 所示,描述的是某企业订货系统的业务流程图。企业的生产、销售各部门提出材料领用申请,仓库负责人根据用料计划对领料单进行审核,将不合格的领料单退回各部门,仓库保管员收到已批准的领料单后,核实库存账,如果库存充足,办理领料手续,变更材料库存账;如果变更后的库存量低于库存临界值,将缺货情况登入缺货账,并产生订货报表

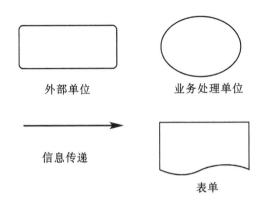

图 6.3　绘制业务流程图的常用符号

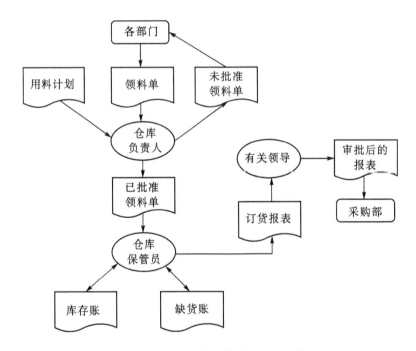

图 6.4　某企业订货系统的业务流程图

送交有关领导。经领导审批后,下发给采购部。

2. 确定系统功能

在充分理解系统的当前功能之后,应与用户协商,明确哪些功能由系统实现,哪些功能不属于系统范围之内。也就是说,要明确系统的边界与人工操作的接口。

3. 画出数据流程图

数据流程图(Data Flow Diagram,DFD)是一种能全面地描述系统数据流程的主要工具,它用一组符号来描述整个系统中信息的全貌,综合地反映出数据在系统中的流动、处理和存储的逻辑关系。数据流程图容易理解,容易在数据库设计者和用户之间及开发组织内部交流。通过分析业务流程,以数据流程图形式描述出系统中数据的流向及对数据所做的加工和处理。

4.编写数据字典

由于数据流程图主要描述了系统各部分(数据及加工)之间的关系,还没有给出图中各种成分的确切含义,所以仅有数据流程图还不能构成完整的需求分析文档,只有系统的各个部分更加细致的定义,才能准确描述系统。数据字典就是对系统中各个部分进行更加细致的定义的集合。

6.2.4 数据字典

数据字典就是在数据流程图的基础上,对数据流程图中的各个元素进行详细的定义与描述,起到对数据流程图进行补充说明的作用。虽然数据流程图各元素都标有名字,但在图中不会做详细说明。数据字典包含数据流图中所有元素的定义,是给开发人员提供对于系统的更确切的描述信息。一般数据库的数据字典包括以下元素的定义:数据项、数据结构、数据流、数据存储和处理过程。

1.数据项

数据项是不可再分的数据单位。对数据项的描述通常包括以下内容:

数据项描述 = { 数据项名,数据项含义说明,别名,数据类型,长度,取值范围,

取值含义,与其他数据项的逻辑关系,数据项之间的联系 }

其中,"取值范围"、"与其他数据项的逻辑关系"(例如,该数据项等于另几个数据项的和,该数据项值等于另一数据项的值等)定义了数据的完整性约束条件,是设计数据检验功能的依据。

可以用关系规范化理论为指导,用数据依赖的概念分析和表示数据项之间的联系,即按实际语义,写出每个数据项之间的数据依赖,它们是数据库逻辑设计阶段数据模型优化的依据。

2.数据结构

数据结构反映了数据之间的组合关系。一个数据结构可以由若干个数据项组成,也可以由若干个数据结构组成,或由若干个数据项和数据结构混合组成。对数据结构的描述通常包括以下内容:

数据结构描述 = { 数据结构名,含义说明,组成:{ 数据项或数据结构 }}

3.数据流

数据流是数据结构在系统内传输的路径。对数据流的描述通常包括以下内容:

数据流描述 = { 数据流名,说明,数据流来源,数据流去向,

组成:{ 数据结构 },平均流量,高峰期流量 }

其中,"数据流来源"是说明该数据流来自哪个过程;"数据流去向"是说明该数据流将到哪个过程去;"平均流量"是指在单位时间(每天、每周、每月等)里的传输次数;"高峰期流量"则是指在高峰时期的数据流量。

4.数据存储

数据存储是数据结构停留或保存的地方,也是数据流的来源和去向之一。它可以是手工文档或手工凭单,也可以是计算机文档。对数据存储的描述通常包括以下内容:

$$数据存储描述 = \{ 数据存储名,说明,编号,输入的数据流,输出的数据流,$$
$$组成:\{ 数据结构 \},数据量,存取额度,存取方式 \}$$

其中,"存取额度"指每小时或每天或每周存取几次、每次存取多少数据等信息;"存取方式"包括是批处理还是联机处理、是检索还是更新、是顺序检索还是随机检索等;另外,"输入的数据流"要指出其来源;"输出的数据流"要指出其去向。

5. 处理过程

处理过程的具体处理逻辑一般用判定表或判定树来描述。数据字典中只需要描述处理过程的说明性信息,通常包括以下内容:

$$处理过程描述 = \{处理过程名,说明,输入:\{ 数据流 \},输出:\{ 数据流 \},$$
$$处理:\{ 简要说明 \}\}$$

其中,"简要说明"中主要说明该处理过程的功能及处理要求。功能是指该处理过程用来做什么(而不是怎么做);处理要求包括处理频度要求,如单位时间内处理多少事务、多少数据量、响应时间要求等。这些处理要求是后面物理设计的输入及性能评价的标准。

可见,数据字典是关于数据库中数据的描述,即元数据,而不是数据本身。

数据字典是在需求分析阶段建立,在数据库设计过程中不断修改、充实、完善的。

明确地把需求收集和分析作为数据库设计的第一阶段是十分重要的。这一阶段收集到的基础数据(用数据字典来表达)和一组数据流程图是下一步进行概念设计的基础。

最后,要强调两点:

(1)需求分析阶段的一个重要而困难的任务是收集将来应用所涉及的数据,设计人员应充分考虑到可能的扩充和改变,使设计易于更改,系统易于扩充。

(2)必须强调用户的参与,这是数据库应用系统设计的特点。数据库应用系统和广大用户有着密切的联系,许多人要使用数据库。数据库的设计和建立又可能对更多人的工作环境产生重要影响,因此用户的参与是数据库设计不可缺少的一部分。在数据分析阶段,任何调查研究没有用户的积极参与是寸步难行的。设计人员应该和用户取得共同的语言,帮助不熟悉计算机的用户建立数据库环境下的共同概念,并对设计工作的最后结果承担共同的责任。

6.3 概念结构设计

将需求分析得到的用户需求抽象为信息结构即概念模型的过程就是概念结构设计。它是整个数据库设计的关键。

6.3.1 概念模型

在需求分析阶段所得到的应用需求应该首先抽象为信息世界的结构,这样才能更好地、更准确地用某一 DBMS 实现这些需求。

概念结构的主要特点是:

(1)语义表达能力丰富。

(2)易于交流和理解。概念模型是 DBA、应用开发人员和用户之间的主要界面,因此,概念模型要表达自然、直观和容易理解,以便和不熟悉计算机的用户交换意见。用户的积极参与是保证数据库设计和成功的关键。

（3）易于修改和扩充。概念模型要能灵活地加以改变，以反映用户需求和现实环境的变化。

（4）易于向各种数据模型转换。概念模型独立于特定的 DBMS，因而更加稳定，能方便地向关系模型、网状模型或层次模型等各种数据模型转换。

概念结构是各种数据模型的共同基础，它比数据模型更独立于机器、更抽象，从而更加稳定。

描述概念模型的有力工具是 E-R 模型。

6.3.2　概念设计步骤

设计概念结构通常有四类方法：

（1）自顶向下。即首先定义全局概念结构的框架，然后逐步细化，如图 6.5(a)所示。

（2）自底向上。即首先定义局部应用的概念结构，然后将它们集成起来，得到全局概念结构，如图 6.5(b)所示。

（3）逐步扩张。首先定义最重要的核心概念结构，然后向外扩充，以滚雪球的方式逐步生成其他概念结构，直至总体概念结构，如图 6.5(c)所示。

（4）混合策略。即将自顶向下和自底向上相结合，用自顶向下策略设计一个全局概念结构的框架，以它为骨架集成由自底向上策略中设计的各局部概念结构。

其中最经常采用的策略是自底向上方法，即自顶向下地进行需求分析，然后再自底向上地设计概念结构。

在这里只介绍自底向上设计概念结构的方法。它通常分为两步：第一步是抽象数据并设计局部视图，第二步是集成局部视图，得到全局的概念结构，如图 6.6 所示。

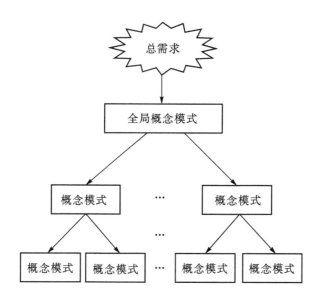

图 6.5(a)　自顶向下策略

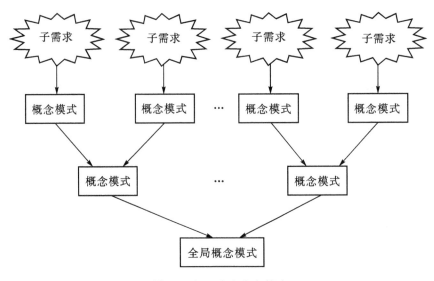

图 6.5（b） 自底向上策略

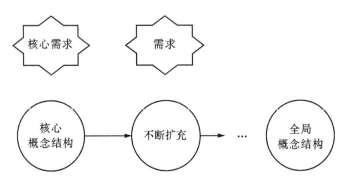

图 6.5(c) 逐步扩张策略

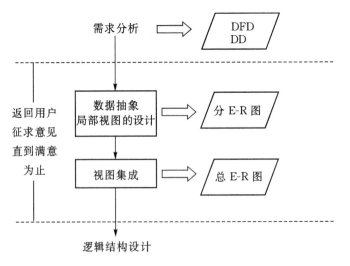

图 6.6 概念结构设计

6.3.3 数据抽象

在系统需求分析阶段,最后得到了多层数据流图、数据字典和系统分析报告。建立局部E-R模型,就是根据系统的具体情况,在多层的数据流图中选择一个适当层次的数据流图,作为设计分E-R图的出发点,让这组图中每一部分对应一个局部应用。在前面选好的某一层次的数据流图中,每个局部应用都对应了一组数据流图,局部应用所涉及的数据存储在数据字典中。现在就是要将这些数据从数据字典中抽取出来,参照数据流图,确定每个局部应用包含哪些实体,这些实体又包含哪些属性,以及实体之间的联系及其类型。

数据抽象一般有以下三种抽象。

1. 分类(classification)

分类定义某一类概念作为现实世界中一组对象的类型,将一组具有某些共同特性和行为的对象抽象为一个实体。对象和实体之间是"is member of"的关系。在E-R模型中,实体型就是这种抽象。例如,在教学管理中,"张英"是一名学生(见图6.7),表示"张英"是学生中的一员,具有学生们共同的特性和行为:在某个班学习某种专业,选修某些课程。

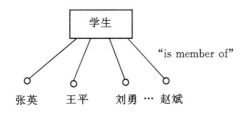

图 6.7 分类

2. 聚集(aggregation)

聚集定义某一类型的组成成分,将对象类型的组成成份抽象为实体的属性。组成成分与对象类型之间是"is part of"的关系。例如,学号、姓名、专业、班级等可以抽象为学生实体的属性,其中学号是标识学生实体的主键,如图6.8所示。

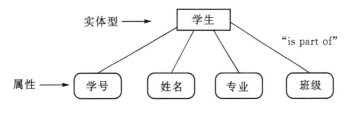

图 6.8 聚集

更复杂的聚集如图6.9所示,即某一类型的成分仍是一个聚集。

3. 概括(generalization)

定义类型之间的一种子集联系。它抽象了类型之间的"is subset of"的语义。例如,学生是一个实体型,本科生、研究生也是实体型。本科生、研究生均是学生的子集。把学生称为超类(superclass),本科生、研究生称为学生的子类(subclass)。

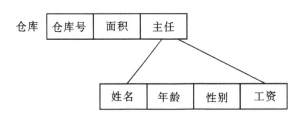

图 6.9 更复杂的聚集

原 E-R 模型不具有概括,本书对 E-R 模型作了补充,允许定义超类实体型和子类实体型,并用双竖边的矩形框表示子类,用直线加小圆圈表示超类–子类的联系,如图 6.10 所示。

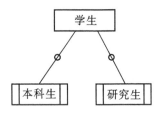

图 6.10 概括

概括有一个很重要的性质:继承性。子类继承超类上定义的所有抽象。这样,本科生、研究生继承了学生类型的属性。当然,子类可以增加自己的某些特殊属性。

6.3.4 局部 E-R 模型设计

局部 E-R 模型设计可分为以下步骤:确定各局部 E-R 模型描述的范围、逐一设计分 E-R 图。

1. 确定各局部 E-R 模型描述的范围

根据需求分析阶段所产生的文档,可以确定每个局部 E-R 模型描述的范围。通常采用的方法是将总的功能划分为几个子系统,每个子系统又划分几个子系统。

2. 逐一设计分 E-R 图

每个子系统都对应了一组数据流图,每个子系统涉及的数据已经收集到数据字典中。设计分 E-R 图主要完成以下工作:确定实体(集)、实体(集)的属性、实体间的联系。

(1)确定实体(集)。实体(集)是指对一组具有共同特征和行为的对象的抽象。例如,张三是学生,具有学生所共有的特征,如学号、姓名、性别、年龄、所学专业和所在系等共同特征,因此,学生可以抽象为一个实体(集)。

(2)确定实体(集)的属性。一般情况下,实体(集)的信息描述就是该实体的属性,但有时实体和属性很难有明确的划分界限。同一个事物,在一种应用环境中作为属性,也许在另外一种应用环境中就是实体。例如,关于学院的描述,从学生这个实体考虑,学生所在的学院是一个属性,当要考虑学院这个实体集应该包含学院的编号、学院的名称、院长、学院所在的地点、联系电话等更多信息时,学院就成为一个独立的实体。

(3)确定实体间的联系。根据系统设计的需要确定实体间的联系是一项很重要的工作。

联系设计得过多容易产生数据冗余,联系设计得过少容易丢失信息,不能实现系统要完成的功能。

6.3.5 全局概念结构设计

全局概念结构设计是指如何将多个局部 E-R 模型合并,并去掉冗余的实体集、实体集属性和联系集,解决各种冲突,最终产生全局 E-R 模型的过程。局部 E-R 模型的集成方法有以下两种:

①多个分 E-R 模型一次集成;

②用累加的方式一次集成两个局部 E-R 模型,最后生成总 E-R 模型。

在实际应用中一般根据系统的复杂程度选择集成的方法。如果各个局部 E-R 模型比较简单,可以采用多元集成法。一般情况下采用二元集成法。

无论采用哪种集成法,每一次集成都分为两个阶段:合并分 E-R 图并生成初步 E-R 图、消除冗余。

1.合并分 E-R 图并生成初步 E-R 图

由于各个局部 E-R 模型是由不同的设计人员设计的,这就导致了各个局部 E-R 模型之间必定会存在许多不一致的地方,成为冲突。合理地消除冲突,以形成一个能为全系统中所有用户共同理解和接受的概念模型,成为合并各局部 E-R 模型的主要工作。

冲突一般分为:属性冲突(属性域冲突、属性取值单位冲突)、命名冲突(同名异义、异名同义)和结构冲突。

(1)属性冲突。属性冲突是指属性值的类型、取值范围不一致。例如,学生的学号是数值型还是字符型。有些部门以出生日期的形式来表示学生的年龄,而另一些部门用整数形式来表示学生的年龄。属性取值单位冲突,例如,学生的身高,有的以米计算,有的以厘米计算。

这一类冲突是由用户之间的约定引起的,必须由用户协商解决。

(2)命名冲突。命名冲突有同名异义和异名同义两种现象。同名异义即不同意义的对象在不同子系统中具有相同的名字。异名同义即同一个意义的对象在不同的子系统中具有不同的名字。

处理命名冲突通常采用行政手段协商解决。

(3)结构冲突。结构冲突通常有以下几种情况。

①同一对象在不同的子系统中具有不同的身份。例如,"学院"在子系统 A 中作为实体,在子系统 B 中作为属性。

解决办法是将实体转化为属性或将属性转化为实体,但要根据实际情况而定。

②同一个对象在不同的子系统中对应的实体属性组成不完全相同。例如,学生这个实体在学籍管理子系统中由学号、姓名、性别、年龄组成,而在公寓管理子系统中由学号、姓名、性别、公寓号等属性组成。

解决方法是对实体的属性取其在不同子系统中的并集,并适当设计好属性的次序。

③实体之间的联系在不同的子系统中具有不同的类型。例如,在子系统 A 中实体 E_1 和 E_2 是一对多的联系,而在子系统 B 中实体 E_1 和 E_2 是多对多的联系。

解决方法是根据应用的语义对实体联系的类型进行综合或调整。

通过解决上述冲突后将得到初步 E-R 图,这时需要仔细分析,消除冗余,以形成最后的全局 E-R 图。

2. 消除冗余

冗余包括数据的冗余和实体之间联系的冗余。数据的冗余是指可由基本数据导出的冗余数据,实体之间联系的冗余是指可由其他联系导出的冗余的联系。

消除冗余主要采用分析方法,即以数据字典和数据流图为依据,根据数据字典中关于数据项之间逻辑关系的说明来消除冗余。

并不是所有的冗余数据与冗余联系都必须消除,有时为了提高某些应用的效率,不得不以冗余信息作为代价。设计数据库概念结构时,哪些冗余信息必须消除,哪些冗余信息允许存在,需要根据用户的整体需求来确定。如果是为了提高效率,人为地保留一些冗余数据是恰当的。

除了分析法之外,还可以使用规范化理论来消除冗余。

6.3.6 实例

假设要开发一个学校管理系统。

1. 系统最高层数据流图

经过可行性分析和初步需求调查,抽象出该系统最高层数据流图。该系统由教师管理子系统、学生管理子系统和后勤管理子系统组成,每个子系统分别配备一个开发小组。

2. 子系统

进一步细化各个子系统。其中,学生管理子系统开发小组通过进行进一步的需求调查,明确了该子系统的主要功能是进行学籍管理和课程管理,包括学生报到、入学、毕业,以及学生上课情况的管理。通过详细的信息流程分析和数据收集后,生成该子系统的学籍管理的数据流程图,如图 6.11 所示。

3. 数据字典

以学生学籍管理子系统为例,学生学籍管理子系统的数据字典如下。

(1)数据项。下面以"学号"为例说明。

- 数据项名:学号。
- 含义说明:唯一标识的每个学生。
- 别名:学生编号。
- 类型:字符型。
- 长度:8。
- 取值范围:00000000~99999999。
- 取值含义:前 2 位标识该学生所在年级,后 6 位按顺序编号。

数据项还有:姓名、出生日期、性别、宿舍编号、地址、人数、班级号、学生人数、职工号、教室地址、容量、教师编号、档案号等。

(2)数据结构。

- 数据结构名:学生。
- 含义说明:是学籍管理子系统的主体数据结构,定义了一个学生的有关信息。
- 组成:学号,姓名,性别,年龄,所在系,年级。

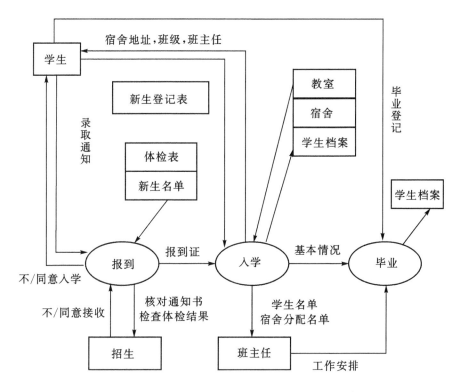

图 6.11 学生管理子系统中学籍管理的数据流图

• 数据结构名:宿舍;数据结构说明:定义了一个宿舍的有关信息;组成{宿舍编号,地址,人数}。

• 数据结构名:档案材料;组成:{档案号,……}。

• 数据结构名:班级;组成:{班级号,学生人数}。

• 数据结构名:班主任;组成:{职工号,姓名,性别,是否为优秀班主任}。

• 数据结构名:教室;组成:{教室编号,地址,容量}。

• 数据结构名:课程;组成:{课程名,课程号,书名}。

(3)数据流。下面以"体检结果"为例说明。

• 数据流:体检结果。

• 说明:学生参加体格检查的最终结果。

• 数据流来源:体检。

• 数据流去向:批准。

• 组成:学号、姓名、性别、身高、体重、血压等。

• 平均流量:……

• 高峰期流量:……

(4)数据存储。下面以"学生登记表"为例说明。

• 数据存储:学生登记表。

• 说明:记录学生的基本情况。

- 流入数据流：······
- 流出数据流：······
- 组成：学生数据结构。
- 数据量：每年 3000 张。
- 存取方式：随机存取。

数据存储还有：体检表、毕业登记表、宿舍分配表、教师情况表、课程表、学生选课情况表、宿舍情况表、班级情况表等。

（5）数据处理。下面以"分配宿舍"为例说明。

- 处理过程名：分配宿舍。
- 说明：为所有新生分配学生宿舍。
- 输入：学生、宿舍。
- 输出：宿舍安排。
- 处理：在新生报到后，为所有新生分配学生宿舍。要求同一间宿舍只能安排同一性别的学生，同一个学生只能安排在一个宿舍中，每个学生的居住面积不小于 3 m²。安排新生宿舍的处理时间应不超过 15 分钟。数据处理还有：学生选课、分配教室等。

通过对上面的学生学籍管理子系统的数据流图和数据字典的分析，得到如图 6.12 所示的初步 E-R 图。

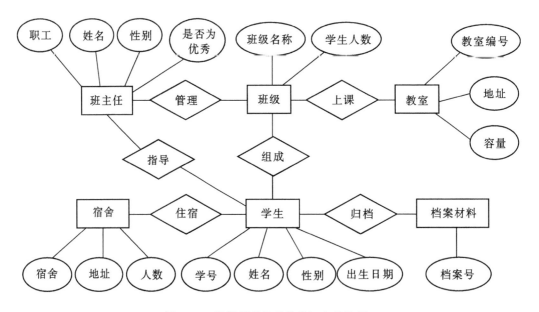

图 6.12　学籍管理子系统的初步 E-R 图

由于性别在学籍管理子系统中作为属性，而在公寓管理子系统中作为实体。根据实际情况，将其作为属性，得到如图 6.13 所示的改进的 E-R 图。

另一个小组得到了学生课程管理子系统的 E-R 图，如图 6.14 所示。

将学籍管理子系统和学生课程管理子系统的分 E-R 图合并成总的学生管理系统的 E-R 图，如图 6.15 所示。限于篇幅省略了各实体的属性。

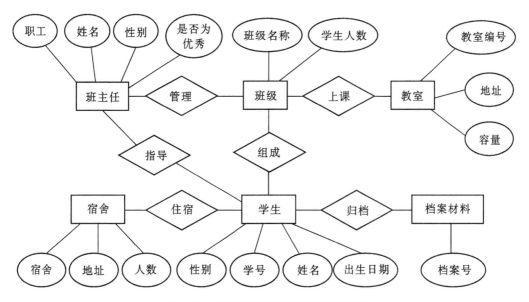

图 6.13 学籍管理子系统改进的 E-R 图

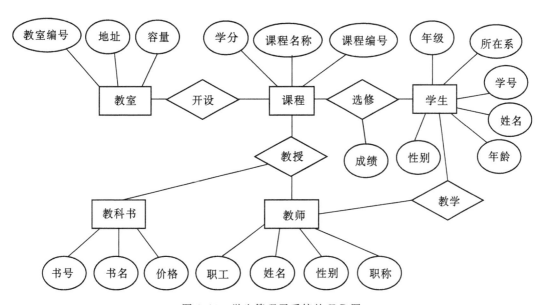

图 6.14 学生管理子系统的 E-R 图

在初步学生管理系统的 E-R 图中存在着冗余数据和冗余联系。

学生实体中的年龄属性可以由出生日期推算出来,属于冗余数据,应该去掉。

学生:{学号,姓名,性别,出生日期,所在系,年级,平均成绩}

教室实体与班级实体之间的上课联系可以由教室与课程之间的开设联系、课程与学生之间的选修联系、学生与班级之间的组成联系三者推导出来,因此属于冗余联系,可以去掉。同理,教师实体与学生实体之间的教学联系可以由教师与课程之间的教授联系和学生与课程之间的选修联系导出,也可以消除。

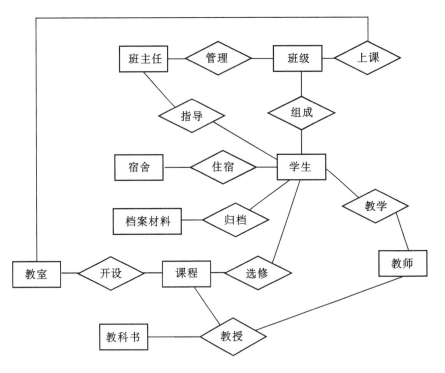

图 6.15　学生管理系统初步 E-R 图

消除冗余后生成学生管理子系统基本 E-R 图,如图 6.16 所示。

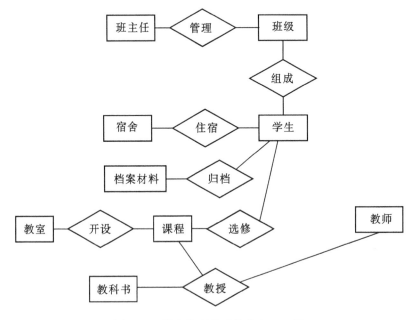

图 6.16　学生管理子系统基本 E-R 图

6.4 逻辑结构设计

6.4.1 逻辑结构设计步骤

概念结构是独立于任何一种数据模型的信息结构。逻辑结构设计的任务就是把概念结构设计阶段设计好的基本 E-R 图转换为与选用的 DBMS 产品所支持的数据模型相符合的逻辑结构。

从理论上讲,设计逻辑结构应该选择最适于相应概念结构的数据模型,然后对支持这种数据模型的各种 DBMS 进行比较,从中选出最合适的 DBMS。但实际情况往往是已给定了某种 DBMS,设计人员没有选择的余地。目前 DBMS 产品一般支持关系、网状、层次三种模型中的某一种。对某一种数据模型,各个机器系统又有许多不同的限制,提供不同的环境与工具。所以设计逻辑结构时一般要分三步进行(见图 6.17):

①将概念结构转换为一般的关系、网状、层次模型;

②将转换的关系、网状、层次模型向特定 DBMS 支持下的数据模型转换;

③对数据模型进行优化。

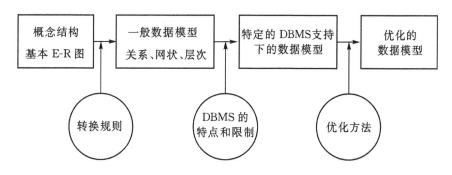

图 6.17 逻辑结构设计时的三个步骤

6.4.2 E-R 模型向关系模型的转换

E-R 图向关系模型的转换要解决的问题是如何将实体型和实体间的联系转换为关系模式,如何确定这些关系模式的属性和码。

关系模型的逻辑结构是一组关系模式的集合。E-R 图则是由实体型、实体的属性和实体型之间的联系 3 个要素组成的。所以将 E-R 图转换为关系模型实际上就是要将实体型、实体的属性和实体型之间的联系转换为关系模式,这种转换一般遵循如下原则:

一个实体型转换为一个关系模型。实体的属性就是关系的属性,实体的码就是关系的码。

对于实体型间的联系还有以下不同的情况:

(1)一个 1:1 联系可以转换为一个独立的关系模式,也可以与任意一端对应的关系模式合并。如果转换为一个独立的关系模式,则与该联系相连的各实体的码以及联系本身的属性均转换为关系的属性,每个实体的码均是该关系的候选码。如果与某一段实体对应的关系模式合并,则需要在该关系模式的属性中加入另一个关系模式的码和联系本身的属性。

(2)1个1∶n联系可以转换为一个独立的关系模式,也可以与 n 端对应的关系模式合并。如果转换为一个独立的关系模式,则与该联系相连的各实体的码以及联系本身的属性均转换为关系的属性,而关系的码为 n 端实体的码。

(3)一个 m∶n 联系转换为一个关系模式。与该联系相连的各实体的码以及联系本身的属性均转换为关系的属性,各实体的码组成关系的码或关系码的一部分。

(4)3 个或 3 个以上实体间的一个多元联系可以转换为一个关系模式。与该多元联系相连的各实体的码以及联系本身的属性均转换为关系的属性,各实体的码组成关系的码或关系码的一部分。

(5)具有相同码的关系模式可合并。

6.4.3　数据模型的优化

为了提高数据库应用系统的性能,需要对关系模式进行优化。关系模式的优化通常以规范化理论为指导,采用合并和分解的方法。

1.关系模式的初步优化

应用规范化理论对关系的逻辑模式进行初步优化,可以减少甚至消除关系模式中存在的各种异常,改善完整性、一致性和存储效率。规范化理论是数据库逻辑设计的指南和工具,规范化过程可分为两个步骤:确定规范式级别和实施规范化处理。

(1)确定规范式级别。考查关系模式的函数依赖关系,确定范式等级,逐一分析各关系模式,考查是否存在部分函数依赖,传递函数依赖等,确定它们分别属于第几范式。

(2)实施规范化处理。确定范式级别后,利用规范化理论,逐一考察各个关系模式。根据应用要求,判断它们是否满足规范要求,可用已经介绍过的规范化方法和理论将关系模式规范化。

2.关系模式的进一步优化

接下来根据评价结果,对模式进行改进。如果因为需求分析、概念设计的疏漏导致某些应用不能得到支持,则应该增加新的关系模式或属性。如果因为性能考虑而要求改进,则可采用合并或分解的方法。

(1)合并。如果有若干个关系模式具有相同的主键,并且对这些关系模式的处理主要是查询操作,而且经常是多关系的查询,那么可对这些关系模式按照组合使用频率进行合并。这样便可以减少连接操作而提高查询效率。

(2)分解。为了提高数据操作的效率和存储空间的利用率,最常用和最重要的模式优化方法就是分解,根据应用的不同要求,可以对关系模式进行垂直分解和水平分解。

水平分解是把关系的元组分为若干子集合,定义每个子集合为一个子关系。对于经常进行大量数据的分类条件查询的关系,可进行水平分解,这样可以减少应用系统每次查询需要访问的记录数,从而提高了查询性能。

例如,有学生关系(学号,姓名,类别……),其中类别包括大专生、本科生和研究生。如果多数查询一次只涉及其中的一类学生,就应该把整个学生关系水平分割为大专生、本科生和研究生三个关系。

垂直分解是把关系模式的属性分解为若干子集合,形成若干子关系模式。垂直分解的原则是把经常一起使用的属性分解出来,形成一个子关系模式。

例如,有教师关系(教师号,姓名,性别,年龄,职称,工资,岗位津贴,住址,电话),如果经常查询的仅是前六项,而后三项很少使用,则可以将教师关系进行垂直分割,得到两个教师关系:

教师关系 1(教师号,姓名,性别,年龄,职称,工资)

教师关系 2(教师号,岗位津贴,住址,电话)

垂直分解可以提高某些事务的效率,但也有可能使另一些事务不得不执行连接操作,从而降低了效率。因此是否要进行垂直分解要看分解后的所有事务的总效率是否得到了提高。垂直分解要保证分解后的关系具有无损连接性和函数依赖保持性。

经过多次的模式评价和模式改进之后,最终的数据库模式得以确定。逻辑设计阶段的结果是全局逻辑数据库结构。对于关系数据库系统来说,就是一组符合一定规范的关系模式组成的关系数据库模型。数据库系统的数据物理独立性特点消除了由于物理存储改变而引起的对应程序的修改。标准的 DBMS 例行程序应适用于所有的访问,查询和更新事务的优化应当在系统软件一级上实现。这样,逻辑数据库确定之后,就可以开始进行应用程序设计了。

6.5 物理设计

6.5.1 物理设计环境

1.操作系统环境

对于中小型数据库系统,采用 Windows、Linux 操作系统都可以。对于数据库冗余和负载均衡能力要求较高的系统,可以采用 Oracle RAC 的集群数据库的方法,集群节点数范围在 2~64 个。对于大型数据库系统,可以采用 Sun Solaris SPARC 64 位小型机系统或 HP 9000 系列小型机系统。RAD5 适合只读操作的数据库,RAD1 适合 OLTP 数据库。

2.内存要求

对于 Linux 操作系统下的数据库,由于在正常情况下 Oracle 对 SGA 的管理能力不超过 1.7 G,所以总的物理内存在 4 G 以下。SGA 的大小为物理内存的 50%~75%。对于 64 位的小型系统,Oracle 数据库对 SGA 的管理超过 2 G 的限制,SGA 设计在一个合适的范围内:物理内存的 50%~70%,当 SGA 过大的时候会导致内存分页,影响系统性能。

3.交换区

当物理内存在 2 G 以下的情况下,交换分区 swap 为物理内存的 3 倍,当物理内存大于 2 G的情况下,swap 大小为物理内存的 1~2 倍。

其他环境变量参考软件相关的安装文档和随机文档。

6.5.2 物理设计步骤

数据库物理设计的步骤为:确定数据库的物理存储结构,评价物理结构。

1.确定数据库的物理存储结构

(1)确定数据的存储结构。影响数据存储结构的因素主要包括存取时间、存储空间利用率、维护代价。设计时根据实际情况对这三个方面进行综合考虑。

(2)设计合适的存取路径,主要指确定如何建立索引,根据实际需要确定在哪个关系模式上建立索引,建立多少个索引,是否建立聚簇索引。

（3）确定数据的存放位置。

（4）确定系统配置。系统配置很多,如同时使用数据库的用户数、同时打开的数据库对象数、内存分配参数、缓冲区分配参数、时间片的大小、数据库的大小等。这些参数影响存取时间和存储空间的分配。

2. 评价物理结构

数据库物理设计过程中需要对时间效率、空间效率、维护代价和各种用户要求进行权衡,其结果可以产生多种方案,数据库设计人员必须对这些方案进行细致的评价,从中选择一个较优的方案作为数据库的物理结构。评价物理数据库的方法完全依赖于所选用的DBMS,主要是从定量估算各种方案的存储空间、存取时间和维护代价入手,对估算结果进行权衡、比较,选择出一个较优的合理的物理结构。如果该结构不符合用户需求,则需要修改设计。

6.6　实施与维护

6.6.1　数据库实现

完成数据库的物理设计之后,设计人员就要用 RDBMS 提供的数据定义语言和其他应用程序将数据库逻辑设计和物理设计结果严格描述出来,成为 DBMS 可以接受的源代码,再经过调试产生目标模式,然后就可以组织数据入库了。这是数据库实施阶段。

数据库实施阶段包括两项重要的工作:一项是数据的载入,另一项是应用程序的编码和调试。

一般数据库系统中,数据量都很大,而且数据来源于部门中的各个不同的单位,数据的组织方式、结构和格式都与新设计的数据库系统有相当的差距。组织数据入库就要将各类源数据从各个局部应用中抽取出来,输入计算机,再分类转换,最后综合成符合新设计的数据库结构的形式,输入数据库。因此这样的数据转换、组织入库的工作是相当费力、费时的。

特别当原系统是手工数据处理系统时,各类数据分散在各种不同的原始表格、凭证和单据之中。在向新的数据库中输入数据时,还要处理大量的纸质文件,工作量就更大。

为提高数据输入工作的效率和质量,应该针对具体的应用环境设计一个数据录入子系统,由计算机来完成数据入库的任务。在源数据入库之前要采用多种方法对他们进行检验,以防止不正确的数据入库,这部分的工作在整个数据输入子系统中是非常重要的。

现有的 RDBMS 一般都提供不同 RDBMS 之间数据转换的工具,若原来是数据库系统,就要充分利用新系统的数据转换工具。

数据库应用程序的设计应该与数据库设计同时进行,因此在组织数据入库的同时还要调试应用程序。

6.6.2　试运行

在原有系统的数据有一小部分已输入数据库后,就可以开始对数据库系统进行联合调试,这又称为数据库的试运行。

这一阶段要实际运行数据库应用程序,执行对数据库的各种操作,测试应用程序的功能是否满足设计需求。如果不满足,对应用程序部分则要进行修改、调整,直到达到设计要求为止。

在数据库试运行时,还要测试系统的性能指标,分析其是否达到设计目标。在对数据库进行物理设计时已初步确定了系统的物理参数值,但一般情况下,设计时的考虑在许多方面只是近似的估计,和实际系统运行总有一定的差距,因此必须在试运行阶段实际测量和评价系统性能指标。事实上,有些参数的最佳值往往是经过运行调试后找到的。如果测试的结果与设计目标不符,则要返回物理设计阶段,重新调整物理结构,修改系统参数,某些情况下甚至要返回逻辑设计阶段,修改逻辑结构。

这里特别要强调两点。第一,上面已经讲到组织数据入库是十分费时、费力的事,如果试运行后还要修改数据库的设计,还要重新组织数据入库。因此应分期分批地组织数据入库,先输入小批量数据做调试用,待试运行基本合格后,再大批量输入数据,逐步增加数据量,逐步完成运行评价。第二,在数据库试运行阶段,由于系统还不稳定,硬、软件故障随时都有可能发生,而系统的操作人员对新系统还不熟悉,误操作也不可避免,因此应首先调试运行 DBMS 的恢复功能,尽量减少对数据库的破坏。

6.6.3 运行与维护

数据库试运行合格后,数据库开发工作就基本完成,即可投入正式运行了。但是,由于应用环境在不断变化,数据库运行过程中物理存储也会不断变化,对数据库设计进行评价、调整、修改等维护工作是一个长期的任务,也是设计工作的继续和提高。

在数据库运行阶段,对数据库经常性的维护工作主要是由 DBA 完成的,它包括以下内容。

1.数据库的转储和恢复

数据库的转储和恢复是系统正式运行后最重要的维护工作之一。DBA 要针对不同的应用要求制定不同的转储计划,以保证一旦发生故障能尽快将数据库恢复到某种一致的状态,并尽可能减少对数据库的破坏。

2.数据库的安全性、完整性控制

在数据库运行过程中,由于应用环境的变化,对安全性的要求也会发生变化,比如有的数据原来是机密的,现在是可以公开查询的了,而新加入的数据又可能是机密的了;系统中用户的密级也会改变。这些都需要 DBA 根据实际情况修改原有的安全性控制。同样,数据库的完整性约束条件也会变化,也需要 DBA 不断修正,以满足用户要求。

3.数据库性能的监督、分析和改造

在数据库运行过程中,监督系统运行,对监测数据进行分析,找出改进系统性能的方法是 DBA 的又一重要任务。目前有些 DBMS 产品提供了监测系统性能参数的工具,DBA 应仔细分析这些数据,判断当前系统运行状况是否最佳,应当做哪些改进,例如调整系统物理参数或对数据库进行重组织或重构造等。

4.数据库的重组织与重构造

数据库运行一段时间后,由于记录不断增、删、改,会使数据库的物理存储情况变坏,降低了数据的存取效率,数据库性能下降,这时 DBA 就要对数据库进行重组织或部分重组织(只对频繁增、删的表进行重组织)。DBMS 一般都提供数据重组织用的实用程序。在重组

织的过程中,按原设计要求重新安排存储位置、回收垃圾、减少指针链等,提高系统性能。

数据库的重组织并不修改原设计的逻辑和物理结构,而数据库的重构造则不同,它是指部分修改数据库的模式和内模式。

由于数据库应用环境发生变化,增加了新的应用或新的实体,取消了某些应用,有的实体与实体间的联系也发生了变化等,使原有的数据库设计不能满足新的需求,需要调整数据库的模式和内模式。例如,在表中增加或删除某些数据项,改变数据项的类型,增加或删除某个表,改变数据库的容量,增加或删除某些索引等。当然数据库的重构也是有限的,只能做部分修改。如果应用变化太大,重构也无计于事,说明此数据库应用系统的生命周期已经结束,应该设计新的数据库应用系统了。

Oracle 数据库

7.1 介绍

7.1.1 Oracle 的成长历程

甲骨文公司,全称甲骨文股份有限公司,是全球最大的企业软件公司,总部位于美国加利福尼亚州的红木滩。1989 年正式进入中国市场。2013 年,甲骨文已超越 IBM,成为继 Microsoft 后全球第二大软件公司。

Oracle 数据库系统是甲骨文公司于 1979 年发布的世界上第一个关系数据库管理系统。经过 30 多年的发展,Oracle 数据库系统已经应用于各个领域,在数据库市场占据主导地位。 Oracle 公司也成为当今世界上最大的数据库厂商和最大的商用软件供应商,向遍及全球的 145 个国家和地区的用户提供数据库、工具和应用软件,以及相关的咨询、培训和支持服务。

在所有的 IT 认证中,Oracle 公司的 Oracle 专业认证 OCP 是数据库领域最热门的认证。如果取得了 OCP 认证,就会在激烈的市场竞争中获得显著的优势。对 Oracle 数据库有深入的了解并具有大量实践操作经验的 Oracle 数据库管理人员和开发人员,将很容易获取一份环境优越、待遇丰厚的工作。

7.1.2 Oracle 与 SQL Server

Oracle 的应用主要在传统行业的数据化业务中,比如金融、银行这样对可用性、健壮性、安全性、实时性要求极高的业务;零售、物流这样对海量数据存储分析要求很高的业务。此外,高新制造业如芯片厂也基本都离不开 Oracle;电商也有很多使用者。而且由于 Oracle 对复杂计算、统计分析的强大支持,在互联网数据分析、数据挖掘方面的应用也越来越多。

SQL Server 是 Windows 生态系统的产品,好处坏处都很明显。好处就是,高度集成化,微软也提供了整套软件方案,基本上一套 Win 系统装下来就可以了。因此,部分比较缺少 IT 人才的中小企业会偏爱 SQL Server,例如,自建 ERP 系统、商业智能、垂直领域零售商、餐饮和事业单位等等。.NET、Silverlight 等技术为 SQL Server 赢得了部分互联网市场,其中就有曾经的全球最大社交网站 MySpace,其发展历程很有代表性,可作为一个比较特别的例子。其巅峰时有超过 1.5 亿的注册用户及每月 400 亿的访问量,应该算是 MS SQL Server 支撑的最大的数据应用了。

完整的 Oracle 数据库包括数据库 db(存储网络结构),数据库管理系统 DBMS(软件结构)两大部分。架构的区别也导致了执行的区别,正是架构导致了相同的 SQL 在执行过程中的解释、优化、效率的差异。

(1)Oracle 数据文件包括:控制文件、数据文件、重做日志文件、参数文件、归档文件和密码文件。这是根据文件功能进行划分的，并且所有文件都是二进制编码后的文件，对数据库算法效率有极大的提升。由于 Oracle 文件管理的统一性，就可以对 SQL 执行过程中的解析和优化指定统一的标准：RBO(基于规则的优化器)、CBO(基于成本的优化器)。通过优化器的选择，以及无敌的 HINT 规则，SQL 优化获得极大的自由，可对 CPU、内存、IO 资源进行方方面面的优化。

(2)SQL Server 数据库构架基本是纵向划分，分为 Protocol Layer(协议层)，Relational Engine(关系引擎)，Storage Engine(存储引擎)，SQL OS。SQL 执行过程就是逐步解析的过程，其中 Relational Engine 中的优化器是基于成本的(CBO)，其工作过程跟 Oracle 是非常相似的，在成本之上也是支持很丰富的 HINT，包括连接提示、查询提示和表提示。

7.1.3 Oracle 的产品版本

Oracle 从 1979 年 Oracle 2 发布至今，功能不断地完善和发展，性能不断提高，安全性、稳定性也越来越完善。下面是 Oracle 数据库的产品版本：

(1)1979 年，甲骨文公司推出了世界上第一个基于 SQL 标准的关系数据库系统 Oracle 2。Oracle 2 在当时反响并不是很大。它是使用汇编语言在 Digital Equipment 计算机 PDP – 11 上开发成功的。

(2)1983 年 3 月，甲骨文公司发布了 Oracle 3。由于该版本采用 C 语言开发，因此 Oracle 产品具有了可移植性，可以在大型机和小型机上运行。此外，Oracle 3 还推出了 SQL 语句和事务处理的"原子性"引入非阻塞查询等方法。

(3)1984 年 10 月，Oracle 公司发布了 Oracle 4。这一版增加了读取一致性(read consistency)确保用户在查询期间看到一致的数据。也就是说，当一个会话正在修改数据时，其他的会话将看不到该会话未提交的修改。

(4)1985 年，Oracle 公司发布了 Oracle 5。这是第一个可以在 Client/Server(客户机/服务器)模式下运行的 RDBMS 产品。这意味着运行在客户机上的应用程序能够通过网络访问数据库服务器。1986 年发布的 Oracle 5.1 版还支持分布式查询，允许通过一次性查询访问存储在多个位置上的数据。

(5)1988 年，Oracle 公司发布了 Oracle 6。该版本支持行锁定模式、多处理器、PL/SQL 过程化语言和联机事务处理(On-Line Transaction Process，OLTP)。

(6)1992 年，Oracle 公司发布了基于 UNIX 版本的 Oracle 7，从此，Oracle 正式向 UNIX 进军。Oracle 7 采用多线程服务器体系结构(Multi-Threaded Server，MTS)可以支持更多用户的并发访问，数据库性能显著提高。同时，该产品增加了数据库选件，包括过程化选件、分布式选件、并行服务器选件等，具有分布式事务处理能力。

(7)1997 年 6 月，Oracle 公司发布了基于 Java 的 Oracle 8。Oracle 8 支持面向对象的开发及 Java 工业标准，其支持的 SQL 关系数据库语言执行 SQL 3 标准。Oracle 8 的出现使得 Oracle 数据库构造大型应用系统成为可能，其对 OFA(Optimal Flexible Architecture)文件目录结构组织方式、数据分区技术和网络连接的改进，使 Oracle 更加适用于构造大型应用系统。

(8)1998 年 9 月，Oracle 公司正式发布 Oracle 8i。Oracle 8i 是随 Internet 技术的发展而产生的网络数据库产品，全面支持 Internet 技术。Oracle 公司的产品发展战略由面向应用转向面向网络计算。Oracle 8i 为数据库用户提供了全方位的 Java 支持,完全整合了本地 Java 运行时的环境,用 Java 就可以编写 Oracle 的存储过程。同时,Oracle 8i 中还添加了 SQL J(一种开放式标准,用于将 SQL 数据库语句嵌入客户机或服务器的 Java 代码)、Oracle、Intermedia(用于管理多媒体内容)和 XML 等特性。此外,Oracle 8i 极大程度上提高了系统伸缩性、扩展性和可用性,以满足网络应用需要。

(9)2001 年 6 月,Oracle 公司发布了 Oracle 9i。Oracle 9i 实际包含三个主要部分:Oracle 9i 数据库、Oracle 9i 应用服务器及集成开发工具。作为 Oracle 数据库的一个过渡性产品,Oracle 9i 数据库在集群技术、高可用性、商业智能、安全性、系统管理等方面都实现了突破,借助真正应用集群技术实现无限的可伸缩性和总体可用性,全面支持 Java 与 XML,具有集成的先进数据分析与数据挖掘功能及更自动化的系统管理功能,是第一个能够在 Internet 应用的数据库产品,同时有效降低了系统构建的复杂性。

(10)2003 年 9 月,Oracle 公司发布了 Oracle 10g。Oracle 10g 由 Oracle 10g 数据库、Oracle 10g 应用服务器和 Oracle 10g 企业管理器组成。Oracle 10g 数据库是全球第一个基于网格计算(grid computing)的关系数据库。网格计算帮助客户利用刀片服务器集群和机架安装式存储设备等廉价的标准化组件,迅速而廉价地建立大型计算能力。Oracle 10g 数据库引入了新的数据库自动管理、自动存储管理、自动统计信息收集、自动内存管理、精细审计、物化视图和查询重写、可传输表空间等特性。此外,Oracle 10g 数据库在可用性、可伸缩性、安全性、高可用性、数据库仓库、数据集成等方面得到了极大的提高。Oracle 10g 数据库产品的高性能、高可靠性得到市场的广泛认可,已经成为大型企业、中小型企业和部门的最佳选择。

(11)2007 年 7 月,Oracle 公司发布了 Oracle 11g。Oracle 11g 是 Oracle 公司 30 年来发布的最重要的数据库版本,根据用户的需求实现了信息生命周期管理(Information Lifecycle Management, ILM)等多项创新,大幅提高了系统性能,全新的 Data Guard 最大化了可用性。利用全新的高级数据压缩技术降低了数据存储的支出,明显缩短了应用程序测试环境部署及分析测试结果所花费的时间,增加了对 RFID Tag、DICOM 医学图像和 3D 空间等重要数据类型的支持,加强了对 Binary XML 的支持和性能优化。

7.1.4　Oracle 的最新版本

2013 年 6 月 26 日,Oracle Database 12c 版本正式发布。像之前 10g,11g 里的 g 是代表 grid,而 12c 里面的 c 是 cloud,也就是代表云计算的意思。

7.1.5　Oracle 12c 的新特性

Oracle 12c 增加了 500 多项新功能,其新特性主要涵盖了六个方面:云端数据库整合的全新多租户架构、数据自动优化、深度安全防护、面向数据库云的最大可用性、高效的数据库管理以及简化大数据分析。这些特性可以在高速度、高可扩展、高可靠性和高安全性的数据库平台之上,为客户提供一个全新的多租户架构,用户数据库向云端迁移后可提升企业应用的质量和应用性能,还能将数百个数据库作为一个进行管理,帮助企业在迈向云的过程中提高整体运营的灵活性和有效性。

1.云端数据库整合的全新多租户架构

作为 Oracle 12c 的一项新功能,Oracle 多租户技术可以在多租户架构中插入任何一个数据库,就像在应用中插入任何一个标准的 Oracle 数据库一样,对现有应用的运行不会产生任何影响。Oracle 12c 可以保留分散数据库的自有功能,能够应对客户在私有云模式内进行数据库整合。通过在数据库层而不是在应用层支持多租户,Oracle 多租户技术可以使所有独立软件开发商(ISV)的应用在为 SaaS 准备的 Oracle 数据库上顺利运行。Oracle 多租户技术实现了多个数据库的合一管理,提高了服务器资源利用率,节省了数据库升级、备份、恢复等所需要的时间和工作。多租户架构提供了几乎即时的配置和数据库复制,使该架构成为数据库测试和开发云的理想平台。Oracle 多租户技术可与所有 Oracle 数据库功能协同工作,包括真正应用集群、分区、数据防护、压缩、自动存储管理、真正应用测试、透明数据加密和数据库 Vault 等。

2. 数据自动优化

为帮助客户有效管理更多数据、降低存储成本以及提高数据库性能,Oracle 12c 新添加了最新的数据自动优化功能。热图监测数据库读/写功能使数据库管理员可轻松识别存储在表和分区中数据的活跃程度,判断其是热数据(非常活跃),还是温暖数据(只读)或冷数据(很少读)。利用智能压缩和存储分层功能,数据库管理员可基于数据的活跃性和使用时间,轻松定义服务器管理策略,实现自动压缩和分层 OLTP、数据仓库和归档数据。

3. 深度安全防护

相比以往的 Oracle 数据库版本,Oracle 12c 推出了更多的安全性创新,可帮助客户应对不断升级的安全威胁和严格的数据隐私合规要求。新的校订功能使企业无需改变大部分应用即可保护敏感数据,例如显示在应用中的信用卡号码。敏感数据基于预定义策略和客户方信息在运行时即可校对。Oracle 12c 还包括最新的运行时间优先分析功能,使企业能够确定实际使用的权限和角色,帮助企业撤销不必要的权限,同时充分执行必须权限,且确保企业运营不受影响。

4. 面向数据库云的最大可用性

Oracle 12c 加入了数项高可用性功能,并增强了现有技术,以实现对企业数据的不间断访问。全球数据服务为全球分布式数据库配置提供了负载平衡和故障切换功能。数据防护远程同步不仅限于延迟,并延伸到任何距离的零数据丢失备用保护。应用连续完善了 Oracle 真正应用集群,并通过自动重启失败处理以覆盖最终用户的应用失败。

5. 高效的数据库管理

Oracle 企业管理器 12c 云控制的无缝集成,使管理员能够轻松实施和管理新的 Oracle 数据库 12c 功能,包括新的多租户架构和数据校订。通过同时测试和扩展真正任务负载,Oracle 真正应用测试的全面测试功能可帮助客户验证升级与策略整合。

6. 简化大数据分析

Oracle 数据库 12c 通过 SQL 模式匹配增强了面向大数据的数据库内 MapReduce 功能。这些功能实现了商业事件序列的直接和可扩展呈现,例如金融交易、网络日志和点击流日志。借助最新的数据库内预测算法,以及开源 R 与 Oracle 数据库 12c 的高度集成,数据专家可更好地分析企业信息和大数据。

7.2 安装

7.2.1 软件下载

由于 Oracle 12c 刚推出不久,11g 已经得到大量的应用,下面主要以 11g 为例对 Oracle 数据库软件的下载方法进行简单介绍。

(1)在 IE 地址栏中输入网址:http://www.oracle.com/technetwork/indexes/downloads,进入 Oracle 官方下载网站。在 Downloads 标签页的 Databases 栏目中选择需要的数据库产品,如图 7.1 所示。

图 7.1　Oracle 官方下载网站

(2)选择要下载的数据库产品,如 Database 11g,之后进入 Oracle Database Software Downloads 界面进行数据库产品版本选择。在该界面的上方有一个 OTN License Agreement 数据库产品下载许可协议的选项,只有选中 Accept License Agreement 选项才可以从数据库产品列表中选择需要的 Oracle 11g 数据库产品的相应版本软件,如图 7.2 所示。

图 7.2　选择数据库产品版本

（3）选择需要的 Oracle 数据库产品，如 Microsoft Windows(32-bit)，分别单击 File 1 和 File 2 进行数据库软件下载。

（4）如果此时用户没用登录，则会出现登录界面，提示用户登录。如果用户没有注册，则需要先进行注册，然后再登录。

7.2.2　使用 Oracle 11g 的基本条件

为了在 Windows 7 操作系统中安装 Oracle 11g 数据库服务器，系统必须满足以下要求：

①CPU：主频最小 550 MHz；

②内存(RAM)：最小 1 GB；

③硬盘空间(NTFS 格式)：典型安装需要 5.364 GB，高级安装需要 4.904 GB；

④虚拟内存：最小为 RAM 的 2 倍；

⑤分辨率：最小为 1024×768；

⑥网络协议：TCP/IP，支持 SSL 的 TCP/IP，Named Pipes。

7.2.3　在 Windows 系统中安装 Oracle 11g

Oracle 11g 数据库服务器可以在 Windows、Linux 和 Solaris 等多种不同的操作系统平台上安装和运行。

下面我们介绍 Oracle 11g 在 windows 中的安装。

（1）解压压缩包，然后单击解压目录下的"setup.exe"文件，如图 7.3 所示。

图 7.3　执行安装程序

（2）执行安装程序后会出现如下的命令提示行，如图 7.4 所示。

图 7.4　命令提示行

（3）等待片刻之后就会出现启动界面，如图 7.5 所示。

图 7.5　启动界面

（4）稍微等待一会，就会出现如下图所示的安装画面，取消下图所示的选中，然后单击"下一步"继续，如图 7.6 所示，同时在出现的信息提示框单击"是"继续。

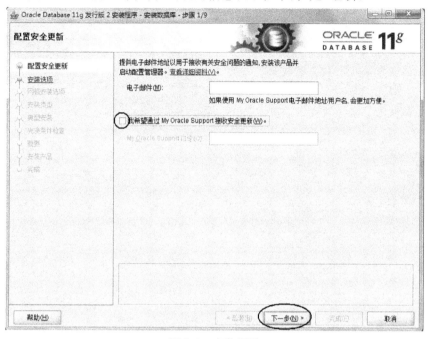

图 7.6　安装图示

（5）之后就会出现安装选项对话框，默认点击"下一步"继续，如图 7.7 所示。

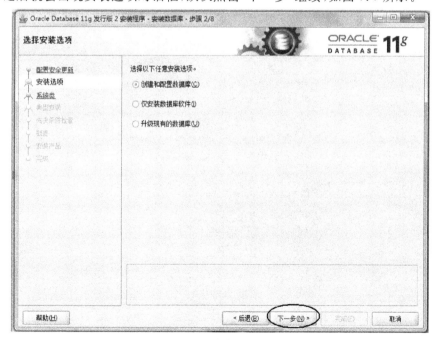

图 7.7　安装对话框

(6)之后会出现安装类型对话框,点击"下一步"继续,如果你是安装在 Windows Server 上的话就选择服务器类,如图 7.8 所示。

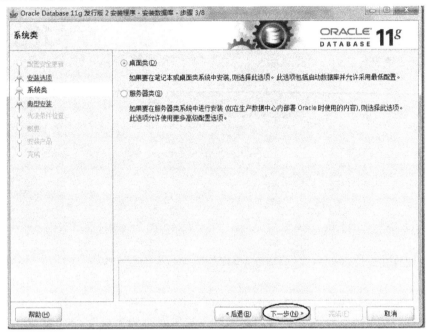

图 7.8　选择安装类型

(7)然后就是安装配置,在这要注意的是,管理口令的格式要至少包含一个大写字母,一个小写字母和一个数字,否则会提示警告,正确输入后点击"下一步"继续,如图 7.9 所示。

图 7.9　安装配置对话框

(8)之后会出现"先决条件检查"对话框,选中"全部忽略"并单击"下一步"以继续,如图7.10所示。

图 7.10　先决条件检查对话框

(9)之后点击"完成"就开始安装了,如图 7.11 所示。

图 7.11　安装完成对话框

（10）安装画面如图 7.12 所示。

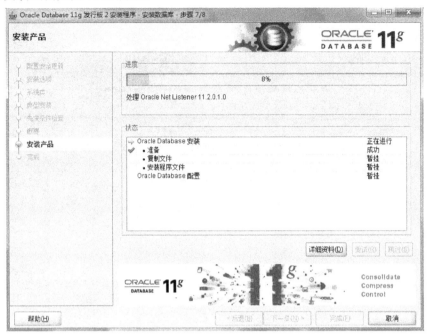

图 7.12　正在安装对话框

（11）当上述进度到达 100％时会出现如图 7.13 所示的对话框，请耐心等待它完成。

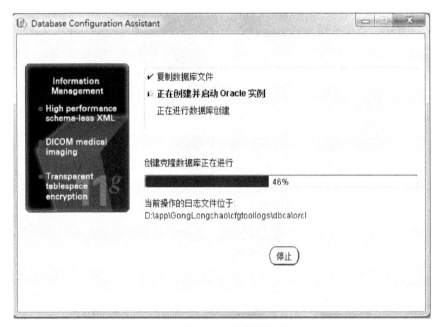

图 7.13　正在创建数据库

（12）然后在弹出的确认对话框点击"确定"，这时会回到主界面，然后再单击"关闭"完成安装。

（13）至此，Oracle 11g R2 已经安装完成，可以在：开始菜单→Oracle-OraDb11g_home1→Database Control-orcl 中打开访问网址，如图 7.14 所示。

图 7.14　开始菜单

（14）登录：在连接身份里选择"SYSDBA"，再在用户名处输入"sys"，密码为你最初设定的密码，点击"登录"你就可以访问数据库了。

图 7.15　登录界面

7.2.4　软件配置

安装结束之后需要配置本地网络服务名，打开"开始"菜单→所有程序→Oracle-OraDb11g_home1→配置和移植工具→Net Configuration Assistant，选择"本地网络服务名配置"，点击"下一步"，如图 7.16 所示。

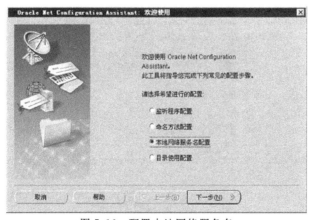

图 7.16　配置本地网络服务名

(1)选择"重新配置",点击"下一步",如图 7.17 所示。

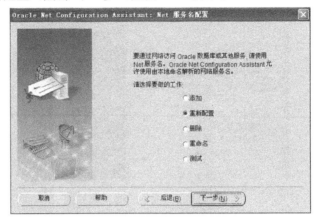

图 7.17　选择重新配置

(2)在网络服务名的下拉选项框中选择"ORCL",点击"下一步",如图 7.18 所示。

图 7.18　选择网络服务名

(3)在服务名中输入之前安装过程中的全局服务名,这里以 orcl 为例,点击"下一步",如图 7.19 所示。

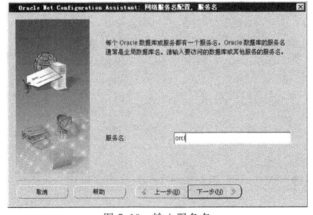

图 7.19　输入服务名

(4)选择 TCP 协议,点击"下一步",如图 7.20 所示。

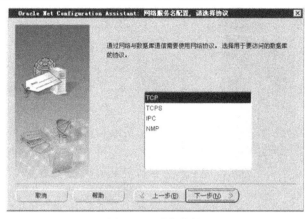

图 7.20　选择协议

(5)在本机名中输入安装环境的 IP 地址,这里是 192.168.85.141,选择使用标准端口号 1521,点击"下一步",如图 7.21 所示。

图 7.21　输入主机名和端口号

(6)选择"是,进行测试",点击"下一步",如图 7.22 所示。

图 7.22　测试对话框

(7)点击"更改登录",如图7.23所示。

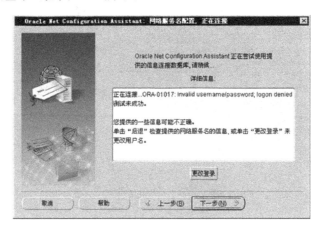

图7.23　连接数据库对话框

(8)输入正确的用户名和口令,点击"确定",如图7.24所示。

图7.24　更改登录对话框

(9)至此,测试成功,结束。

7.3　使用

7.3.1　自带工具

1. Oracle 企业管理器

Oracle 企业管理器11g提供全面的业务驱动型IT管理功能,有助于通过集成式IT管理方法,最大限度地提高企业敏捷性和效率。

Oracle 企业管理器11g引入了:

①业务驱动型应用管理:使IT系统能够更快地响应优先业务,通过管理面向用户体验和商务交易的关键指标,提供更高的商业价值。

②集成式应用软件至磁盘管理:无需在不同层面使用多种工具,以此简化管理,从应用软件、中间件、数据库、操作系统、虚拟化到硬件打包,有助于最大限度地提高投资回报。

③集成式系统管理和支持:通过与 Oracle 支持团队和更广泛的 Oracle 社区分享知识,促使IT工作比以往更主动,从而提升用户满意度,使用户卓有成效且提高IT运行效率。

Oracle 企业管理器 11g 能够提高企业效率,通过以下方法帮助 IT 部门促进业务创新和增长:

①用户体验管理:新的 Oracle 真正用户体验洞察 6.5 版是 Oracle 企业管理器 11g 的一个关键功能,为真正和综合型交易提供有关性能和使用情况的统计数据,并为 Oracle Siebel CRM、Oracle 电子商务套件和基于 Java 技术的应用软件提供集成式诊断,只需要单一控制台即可获得以上所有功能。

②商务交易管理:自动发现交易,包括交易的业务内容;对跨不同 IT 层面和不同应用软件的进行中的交易,提供端到端的可视性,包括长期运转的交易;提供关键的关联信息,以了解业务影响并能够主动地解决问题。

③企业服务管理:全面的服务状态显示板可以自动发现企业服务,如开具账单和付运,并通过深入了解服务实施情况,提供端到端的性能分析和诊断。

1)集成式应用软件和磁盘管理,简化管理环境,提高投资回报率

全面管理 Oracle 的产品,包括能够管理 Oracle 应用软件、Oracle 融合中间件、Oracle 数据库、Oracle Solaris、Oracle 企业级 Linux、Oracle VM 和 Oracle Sun 服务器的工具。这使得 IT 能够快速确定问题的根本原因,而且在很多情况下,还能自动地解决问题。

另外,这些功能有助于消除多点管理工具,以简化管理环境,帮助客户更快地实现 IT 投资回报。

重点包括:

(1)全面的中间件管理:这个版本增强了对 Oracle 融合中间件 11g 的管理支持,包括完整的配置管理和对大规模 Oracle SOA 套件及 Oracle WebLogic Server 环境的配置。Oracle WebLogic Server 常常用于"应用网格"环境,或者作为专用云的基础,Oracle 企业管理器 11g 可以极大地简化管理、配置此类部署。

(2)新的数据库管理功能:为 Oracle 数据库 11g 第二版提供全面支持,比如压缩、变更检测、分区、诊断和调试。另外还为 Oracle Exadata 第二版提供针对 Oracle Exadata 的 SQL 监控和 I/O 资源管理功能。

(3)广泛的硬件、虚拟化和操作系统管理:管理 Sun 硬件和 Oracle Solaris 的 Oracle 企业管理器 Ops Center 涵盖物理和虚拟 Sun 环境的整个生命周期,包括面向 SPARC 的 Oracle VM(以前名为 Logical Domains 或 Ldoms)和 Solaris Containers,能够帮助客户最大限度地提高 Sun 系统的利用率。

(4)应用软件质量管理:新的 Oracle 应用测试套件 9.1 版基于真实用户行动自动产生测试脚本;在负载测试期间提供对中间件诊断数据的访问,以帮助确定性能瓶颈;提供一个新的测试加速器,以简化基于 Oracle ADF 的应用软件测试;并提供新的、面向 Oracle 电子商务套件 R12 应用程序的测试启动器套件,以帮助减轻测试工作负担。

2)集成式系统管理和支持,使 IT 更加主动

Oracle 企业管理器 11g 的控制台与 Oracle 支持服务的集成为主动管理关键业务系统提供了方便。

新的组件包括：

(1)智能配置管理：提供全面的配置生命周期管理以及具有实时变更检测的发现功能，以实现法规遵从。它可以同时分析成百上千万个客户配置，并实时通知 IT 专业人员潜在问题。

(2)自动化工作流：跨整个 IT 环境实现补丁的选择、验证和部署，使 IT 能够帮助降低风险，并减少部署建议和修复所需的工作。

(3)基于社区的控制台：为与 IT 社区中的其他成员分享最佳实践和交流知识提供了方便。

2. SQL Plus

简介：Oracle 的 SQL Plus 是与 Oracle 进行交互的客户端工具。在 SQL Plus 中，可以运行 SQL Plus 命令与 SQL 语句。

我们通常所说的 DML、DDL、DCL 语句都是 SQL 语句，它们执行完后，都可以保存在一个被称为 SQL buffer 的内存区域中，并且只能保存一条最近执行的 SQL 语句，我们可以对保存在 SQL buffer 中的 SQL 语句进行修改，然后再次执行。SQL Plus 一般都与数据库打交道。

除了 SQL 语句，在 SQL Plus 中执行的其他语句我们称之为 SQL Plus 命令。它们执行完后，不保存在 SQL buffer 的内存区域中，它们一般用来对输出的结果进行格式化显示，以便于制作报表。

SQL Plus 是一个最常用的工具，具有很强的功能，主要有：

①数据库的维护，如启动，关闭等，这一般在服务器上操作；

②执行 SQL 脚本；

③数据的导出，报表；

④应用程序开发、测试 SQL/PLSQL；

⑤生成新的 SQL 脚本；

⑥供应用程序调用，如安装程序中进行脚本的安装；

⑦用户管理及权限维护等。

7.3.2 辅助工具

1. PL/SQL Developer

PL/SQL Developer 是一个集成开发环境，专门面向 Oracle 数据库存储程序单元的开发。如今，有越来越多的商业逻辑和应用逻辑转向了 Oracle Server，因此，PL/SQL 编程也成了整个开发过程的一个重要组成部分。PL/SQL Developer 侧重于易用性、代码品质和生产力，充分发挥 Oracle 应用程序开发过程中的主要优势。

(1)主要特性：PL/SQL 编辑器，具有语法加强、SQL 和 PL/SQL 帮助、对象描述、代码助手、编译器提示、PL/SQL 完善、代码内容、代码分级、浏览器按钮、超链接导航和宏库等许多智能特性，能够满足要求性最高的用户需求。当需要某个信息时，它将自动出现，单击即可将信息调出。

（2）重要功能：

①集成调试器。该调试器（要求 Oracle 7.3.4 或更高）提供所需要的全部特性：跳入（step in）、跳过（step over）、跳出（step out）、异常时停止运行、断点、观察和设置变量、观察全部堆栈等。该调试器基本能够调试任何程序单元（包括触发器和 Oracle 8 对象类型），无需作出任何修改。

②PL/SQL 完善器。该完善器允许通过用户定义的规则对 SQL 和 PL/SQL 代码进行规范化处理。在编译、保存、打开一个文件时，代码将自动被规范化。该特性提高了编码的生产力，改善了 PL/SQL 代码的可读性，促进了大规模工作团队的协作。

③SQL 窗口。该窗口允许输入任何 SQL 语句，并以栅格形式对结果进行观察和编辑，支持按范例查询模式，以便在某个结果集合中查找特定记录。另外，还含有历史缓存，可以轻松调用先前执行过的 SQL 语句。该 SQL 编辑器提供了同 PL/SQL 编辑器相同的强大特性。

④命令窗口。使用 PL/SQL Developer 的命令窗口能够开发并运行 SQL 脚本。该窗口具有同 SQL Plus 相同的外观，另外还增加了一个内置的带语法加强特性的脚本编辑器。这样，就可以开发自己的脚本，无需编辑脚本/保存脚本/转换为 SQL Plus/运行脚本过程，也不用离开 PL/SQL Developer 集成开发环境。

⑤报告。PL/SQL Developer 提供内置的报告功能，可以根据程序数据或 Oracle 字典运行报告。PL/SQL Developer 本身提供了大量标准报告，而且还可以方便地创建自定义报告。自定义报告将被保存在报告文件中，进而包含在报告菜单内。这样，运行自己经常使用的自定义报告就非常方便。可以使用 Query Reporter 免费软件工具来运行报告，不需要 PL/SQL Developer，直接从命令行运行即可。

⑥工程。PL/SQL Developer 内置的工程概念可以用来组织工作。一个工程包括源文件集合、数据库对象、notes 和选项。PL/SQL Developer 允许在某些特定的条目集合范围之内进行工作，而不是在完全的数据库或架构之内。这样，如果需要编译所有工程条目或者将工程从某个位置或数据库移动到其他位置时，所需工程条目的查找就变得比较简单。

⑦To-Do 条目。可以在任何 SQL 或 PL/SQL 源文件中使用 To-Do 条目快速记录该文件中那些需要进行的事项。以后能够从 To-Do 列表中访问这些信息，访问操作可以在对象层或工程层进行。

⑧对象浏览器。可配置的树形浏览能够显示同 PL/SQL 开发相关的全部信息，使用该浏览器可以获取对象描述、浏览对象定义、创建测试脚本以便调试；可以使用或禁止触发器或约束条件、重新编译不合法对象、查询或编辑表格、浏览数据、在对象源中进行文本查找、拖放对象名到编辑器等。此外，该对象浏览器还可以显示对象之间的依存关系，可以递归地扩展这些依存对象（如参考检查、浏览参考表格、图表类型等）。

⑨性能优化。使用 PL/SQL Profiler，可以浏览每一执行的 PL/SQL 代码行的时序信息（Oracle 8i 或更高），从而优化 SQL 和 PL/SQL 的代码性能。

更进一步，还可以自动获取所执行的 SQL 语句和 PL/SQL 程序统计信息。该统计信息包括 CPU 使用情况、块 I/O、记录 I/O、表格扫描、分类等。

2. HTML 指南

Oracle 目前支持 HTML 格式的在线指南,可以将其集成到 PL/SQL Developer 工作环境中,以便在编辑、编译出错或运行出错时提供内容。

(1)非 PL/SQL 对象。不使用任何 SQL,就可以对表格、序列、符号、库、目录、工作、队列、用户和角色进行浏览、创建和修改行为。PL/SQL Developer 提供了一个简单易用的窗体,只要将信息输入其中,PL/SQL Developer 就将生成相应的 SQL,从而创建或转换对象。

(2)模板列表。PL/SQL Developer 的模板列表可用作一个实时的帮助组件,协助强制实现标准化。只要点击相应的模板,就可以向编辑器中插入标准的 SQL 或 PL/SQL 代码,或者从草稿出发来创建一个新程序。

(3)查询构建器。图形化查询构建器简化了新选择语句的创建和已有语句的修改过程。只要拖放表格和视窗,为区域列表选择专栏,基于外部键约束定义联合表格即可。

(4)比较用户对象。对表格定义、视图、程序单元等作出修改后,将这些修改传递给其他数据库用户或检查修改前后的区别将是非常有用的。这也许是一个其他的开发环境,如测试环境或制作环境等。而比较用户对象功能则允许对所选对象进行比较,将不同点可视化,并运行或保存必要变动的 SQL 脚本。

(5)导出用户对象。该工具可以导出用户所选对象的 DDL(数据定义语言)语句,可以方便地为其他用户重新创建对象,也可以保存文件作为备份。

3. 工具

PL/SQL Developer 为简化日常开发专门提供了几种工具。使用这些工具,可以重新编译全部不合法对象、查找数据库源中文本、导入或导出表格、生成测试数据、导出文本文件、监控 dbms_alert 和 dbms_pipe 事件、浏览会话信息等。

(1)授权。大多数开发环境中,不希望所有数据库都具备 PL/SQL Developer 的全部功能性。例如,数据库开发中可以允许 PL/SQL Developer 的全部功能性,而数据库测试中可以仅允许数据查询/编辑和对象浏览功能,而数据库制作中甚至根本不希望 PL/SQL Developer 访问。利用 PL/SQL Developer 授权功能,可以方便地定义特定用户或规则所允许使用的功能。

(2)插件扩展。可以通过插件对 PL/SQL Developer 功能进行扩展。Add-ons 页面提供插件可以免费下载。Allround Automations 或其他用户均可提供插件(如版本控制插件或 PLSQL doc 插件)。如果具备创建 DLL 的编程语言,还可以自己编写插件。

(3)多线程 IDE。PL/SQL Developer 是一个多线程 IDE。这样,当 SQL 查询、PL/SQL 程序、调试会话等正在运行时,PL/SQL Developer 依然可以继续工作。而且,该多线程 IDE 还意味着出现编程错误时不会中止,即在任何时间都可以中断执行或保存的工作。

(4)易于安装。不同于 SQL * Net,无需中间件,也无需数据库对象安装,只需点击安装程序按钮,就可以开始安装从而使用软件了。

7.3.3 建立数据库

Oracle 11g 在 Windows 7 环境下创建数据库,步骤如下:

(1)启动菜单 DBCA(DataBase Configuration Assistant),如图 7.25 所示。

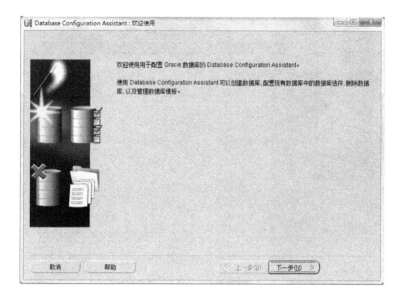

图 7.25 启动界面

(2)选择"创建数据库",单击"下一步",如图 7.26 所示。

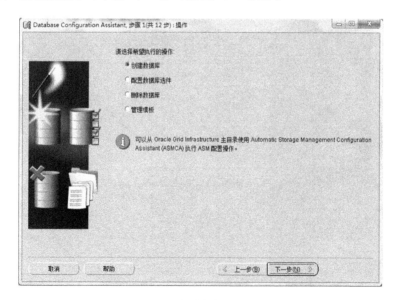

图 7.26 创建数据库对话框

（3）根据实际需求选择数据库模板，然后点击"下一步"如图 7.27 所示。

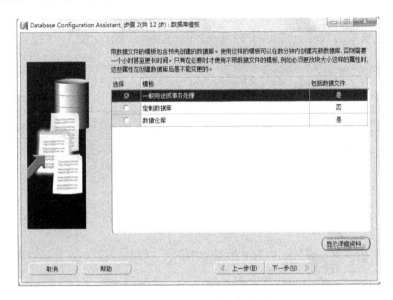

图 7.27　选择数据库模板对话框

（4）输入数据库标识，然后点击"下一步"，如图 7.28 所示。

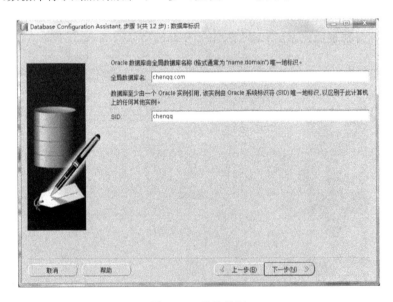

图 7.28　登录界面

　　(5)选择"配置 Enterprise Manager",如图 7-29 所示,如果不选择将会提示错误! 然后点击"下一步"。

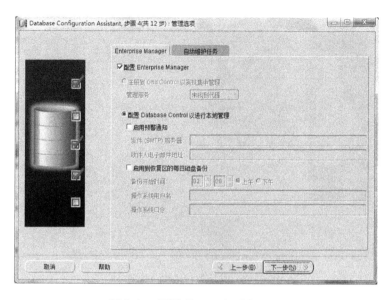

图 7.29　配置 Enterprise Manager

　　(6)数据库身份证明,输入口令,点击"下一步",如图 7.30 所示。

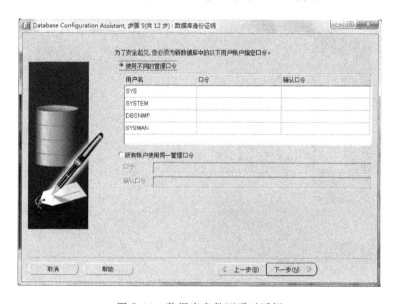

图 7.30　数据库身份证明对话框

（7）选择数据库文件所在位置，然如点击"下一步"，图 7.31 所示。

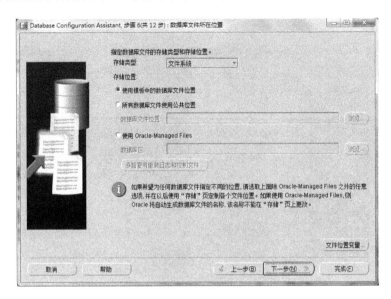

图 7.31　存储数据库文件对话框

（8）选择快速恢复区，点击"下一步"，如图 7.32 所示。

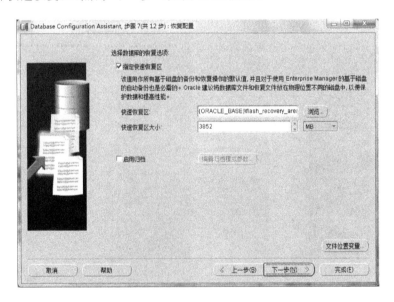

图 7.32　恢复配置对话框

(9)恢复配置好以后,点击"下一步",如图7.33所示。

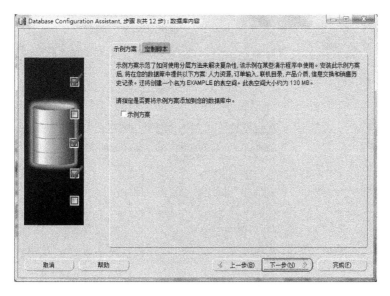

图7.33　数据库内容对话框

(10)进入初始化参数设置对话框,设置完后点击"下一步",如图7.34所示。

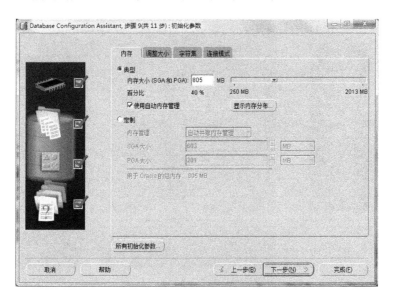

图7.34　初始化参数对话框

(11)进入数据库存储对话框,点击"下一步",如图7.35所示。

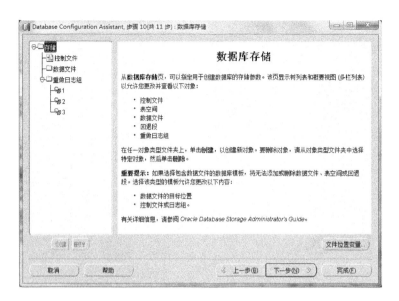

图 7.35　数据库存储对话框

(12)选择"创建数据库",如图 7.36 所示。

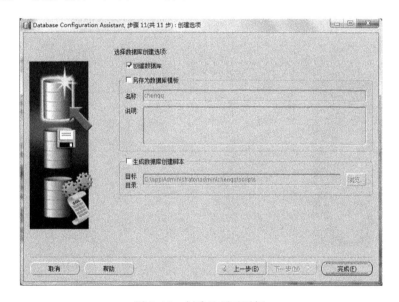

图 7.36　创建选项对话框

(13)按完成按钮将弹出"创建数据库-概要",建议保存一下,如图 7.37 所示。

(14)创建异常,如图 7.38 所示。

这个异常主要由监听器注册不成功引起。解决办法:重启服务器后,系统将会自动注册该数据库到默认监听(动态注册)。手工注册数据库到监听器:Net Manager。

图 7.37 确认对话框

图 7.38 警告提示对话框

7.4 应用

7.4.1 创建数据库

(1)我们安装好数据库后就可以创建属于自己的数据库了,首先我们需要创建一个表空间,就是创建一个可以存放东西的空间,其格式为

CREATE TABLESPACE 表空间名 DATAFILE´数据文件名´SIZE 表空间大小;

例子:

Create tablespace data_test datafile´e:]]oracle]]test´size 2000M;

(2)我们有了可以存放表的空间之后,需要创建一个用户,这是我们以后用来登录数据库用的,其格式为

数据库理论与应用

Create user 用户名 identified by 密码 default tablespace 表空间名；

例子：

Create user study identified by student default tablespace data_test；

（我们创建了一个用户名为 study，密码为 student，表空间为 data_test 的用户）

（3）我们到此为止就已经创建好了一个用户了，现在我们可以为该用户授权，其格式为

Grant connect，resource to study；

（我们把 connect 和 resource 权限授予给我们刚才创建的 study 用户）

Grant dba to study；

（我们把 dba 权限授予刚才创建的 study 用户）

（4）现在我们已经创建了表空间，基于表空间创建了用户，并为用户设置了权限；我们的前期准备已经完成，可以建立存储数据的数据表了。

我们通过 SQL 语句来定义一个基本表，其基本格式如下：

CREATE TABLE〈表名〉(〈列名〉〈数据类型〉[列级完整性约束条件]

[〈列名〉〈数据类型〉[列级完整性约束条件]]

[,〈表级完整性约束条件〉]

)；

例子：

Create table test

(Sno CHAR(9)PRIMARY KEY,/＊定义一个名为 sno 的列，其数据类型为 char(9)/＊

其中 primary key 的意思是主键

Sname CHAR(20)；

Ssex CHAR(2)；

Sage SMALLINT；

Sdept CHAR(20)

)；

7.4.2 数据的查询、修改和删除

我们拥有了属于自己的数据表，便可以对数据表进行添加，查询，修改和删除等操作了。

1.添加数据

其基本格式为

INSERT

INTO〈表名〉[(〈属性列 1〉,〈属性列 2〉)]

VALUES(〈常量 1〉,〈常量 2〉)；

例子：

INSERT

INTO test(Sno,Sname,Ssex,Sdept,Sage)

VALUES('201102410226','李雁宾','男','IS',18)；

以上代码我们将会创建一个学号：201102410226；姓名：李雁宾；性别：男；所在专业：IS；年龄：18 的元组。

2.查询数据

SQL 提供了 SELECT 语句进行数据库查询,该语句具有灵活的使用方式和丰富的功能。其一般格式为

SELECT[ALL|DISTINCT]〈目标列表达式〉[,〈目标列表达式〉]

FROM〈表名或视图名〉[,〈表名或视图名〉]

[WHERE〈条件表达式〉]

[GROUP BY〈列名1〉[,HAVING〈条件表达式〉]]

[ORDER BY〈列名2〉[ASC|DESC]];

整个 select 语句的含义是,根据 where 子句的条件表达式,从 from 子句指定的基本表或视图中找出满足条件的元组,再按 select 子句中的目标列表达式,选出元组中的属性值,并形成结果表。

如果有 GROUP BY 子句,则将结果按〈列名1〉的值进行分组,该属性列值相等的元组为一个组。通常会在每个组中作用聚集函数。如果 GROUP BY 子句带 HAVING 短句,则只有满足指定条件的组才予以输出。

如果有 ORDER BY 子句,则结果表还要按〈列名2〉的值升序或降序进行排序。

SELECT 语句既可以完成简单的单表查询,也可以完成复杂的连接查询和嵌套查询。

【例 7－1】

SELECT Sno,Sname

FROM test;

该语句的执行过程是这样的:从 test 表中取出一个元组,取出该元组在属性 Sno Sname 上的值,形成一个新的元组作为输出。并在 test 表中向下移动一个元组,再次进行该操作,直至 test 表中的所有元组都遍历完。

【例 7－2】

SELECT *

FROM test;

该语句会选择所有属性列,其等价于:

SELECT Sno,Sname,Ssex,Sdept

From test;

【例 7－3】

SELECT 2014－Sage

FROM test;

该语句会选择 test 表中的 Sage 属性列,并用 2014 减去 Sage 的值作为输出。

【例 7－4】

SELECT Sname

FROM test

WHERE Sage BETWEEN 20 AND 30;

该语句会在 test 表中选择年龄在 20 到 30 之间的人的姓名。

【例7-5】

```
SELECT Sno
FROM test
WHERE Sdept IN('IS','MA');
```

该语句会选择test表中信息专业(IS)和数学专业(MA)中的学生的学号。

3. 修改数据

修改操作语句的一般格式为

```
UPDATE〈表名〉
SET〈列名〉=〈表达式〉[,〈列名〉=〈表达式〉]
[WHERE〈条件〉];
```

修改指定表中满足where子句条件的元组,set语句中表达式的值代替相应列的属性值。

【例7-6】

```
UPDATE test
SET Sage = 22
WHERE Sno = '201102410226';
```

将学号为201102410226的学生的年龄改为22。

【例7-7】

```
UPDATE test
SET Sage = Sage + 1;
```

将所有学生的年龄加1。

4. 删除数据

删除语句的一般格式为

```
DELETE
FROM〈表名〉
[WHERE〈条件〉];
```

该语句可以删除表中满足where条件的语句。

【例7-8】

```
DELETE
FROM test
WHERE Sno = '201102410226';
```

删除学号为2011024102226的学生记录。

【例7-9】

```
DELETE
FROM test
WHERE Sage>22;
```

删除test表中所有年龄大于22的学生记录。

7.4.3　视图

1.创建视图

创建视图的一般格式为

CREATE VIEW〈视图名〉[(〈列名〉[,〈列名〉])]

AS〈子查询〉

[WITH CHECK OPTION];

WITH CHEECK OPTION 表示对视图进行 UPDATE、INSERT 和 DELETE 操作时要保证修改满足视图定义中的谓词条件。

【例 7 - 10】

CREATE VIEW Birth(Sno,Sname,Sbirth)

AS

SELECT Sno,Sname,2014-Sage

FROM test;

定义了一个反映学生出生年份的视图。学生的出生年份是通过 2014－Sage 得到的。

【例 7 - 11】

CREATE VIEW IS_test

AS

SELECT Sno,Sname,Sage

FROM test

WHERE Sdept = ´IS´;

该视图显示信息专业所学生的学号,姓名和年龄。

2.删除视图

语句的格式为

DROP VIEW〈视图名〉[CASCADE]

【例 7 - 12】

DROP VIEW IS_test;

3.更新视图

我们可以通过插入(INSERT)、删除(DELETE)、修改(UPDATE)来更新视图数据。

【例 7 - 13】

UPDATE IS_test

SET Sname = ´洪宾´

WHERE Sno = ´201102410226´;

【例 7 - 14】

INSERT

INTO IS_test

VALUES(´201102410225´,´于亚超´,´23´);

SQL Server 数据库

8.1 介绍

8.1.1 SQL Server 的成长历程

SQL Server 是微软公司在数据库市场的主打产品,也是世界三大数据库管理系统之一,最初是由 Microsoft,Sybase 和 Aston-Tate 三家公司共同开发的,于 1988 年推出第一个 OS/2 版本。在 Windows NT 推出后,Microsoft 与 Sybase 在 SQL Server 的开发上就分道扬镳了,Microsoft 将 SQL Server 移植到 Windows NT 系统上,专注于开发推广 SQL Server 的 Windows NT 版本,Sybase 则较专注于 SQL Server 在 UNIX 操作系统上的应用。

8.1.2 SQL Server 的产品版本

1. SQL Server 2000

SQL Server 2000 是 Microsoft 公司推出的 SQL Server 数据库管理系统,该版本继承了 SQL Server 7.0 版本的优点,同时又增加了许多更先进的功能,具有方便使用、可伸缩性好、与相关软件集成度高等优点,可跨越从运行 Microsoft Windows 98 的膝上机电脑到运行 Microsoft Windows 2000 的大型处理器的服务器等多种平台使用。

 安装 SQL Server 2000 组件(C)　　 浏览安装/升级帮助(B)

 安装 SQL Server 2000 的先决条件(P)　　 阅读发布说明(R)

 访问我们的 Web 站点(V)

退出(X)

图 8.1　SQL Server 2000 启动界面

2. SQL Server 2005(见图 8.2)

SQL Server 2005 是一个全面的数据库平台,使用集成的商业智能(BI)工具提供了企业级的数据管理。SQL Server 2005 数据库引擎为关系型数据和结构化数据提供了更安全可靠的存储功能,可以构建和管理用于业务的高可用和高性能的数据应用程序。

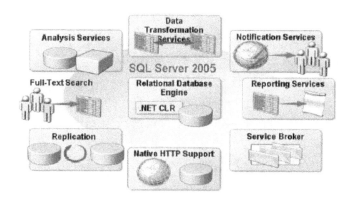

图 8.2　SQL Server 2005 结构图

3. SQL Server 2008

SQL Server 2008 是基于 SQL Server 2005,并提供了更可靠的加强数据库镜像的平台(见图 8.3)。新特性包括:

(1)可信任:使得公司可以以很高的 SQL Server 2008 控制台管理界面安全性、可靠性和可扩展性来运行它们最关键任务的应用程序。

(2)高效性:使得公司可以降低开发和管理它们的数据基础设施的时间和成本。

(3)智能性:提供了一个全面的平台,可以在你的用户需要的时候给他发送观察和信息。

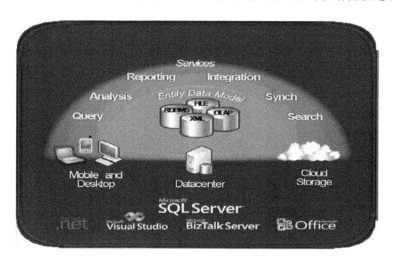

图 8.3　SQL Server 2008 结构图

8.1.3　SQL Server 2012

2012 年 3 月 7 日消息,微软正式发布最新的 SQL Server 2012 RTM(Release-to-Manufacturing)版本,面向公众的版本将于 4 月 1 日发布。微软此次版本发布的口号是"大数据"来替代"云"的概念,微软对 SQL Server 2012 的定位是帮助企业处理每年大量的数据(Z 级别)增长。SQL Server 2012 图标如图 8.4 所示。

图 8.4　SQL Server 2012 图标

来自微软商业平台事业部的副总裁 Ted Kummert 称,SQL Server 2012 更加具备可伸缩性、可靠性以及前所未有的高性能;而 Power View 为用户对数据的转换和勘探提供强大的交互操作能力,并协助用户做出正确的决策。即将推出三个主要版本和很多新特征,同时微软也透露了 SQL Server 2012 的价格和版本计划,其中增加了一个新的智能商业包。

SQL Server 2012 主要版本包括新的商务智能版本,增加 Power View 数据查找工具和数据质量服务,企业版本则提高安全性、可用性,从大数据到 StreamInsight 复杂事件处理,再到新的可视化数据和分析工具等,都将成为 SQL Server 2012 最终版本的一部分。

SQL Server 2012 对微软来说是一个重要产品。微软把自己定位为可用性和大数据领域的领头羊。SQL Server 的新功能如下:

(1) AlwaysOn:这个功能将数据库的镜像提到了一个新的高度。用户可以针对一组数据库做灾难恢复而不是一个单独的数据库。

(2)Windows Server Core 支持:Windows Server Core 是命令行界面的 Windows,使用 DOS 和 PowerShell 来做用户交互。它的资源占用更少、更安全,支持 SQL Server 2012。

(3)Columnstore 索引:这是 SQL Server 独有的功能。它们是为数据仓库查询设计的只读索引。数据被组织成扁平化的压缩形式存储,极大地减少了 I/O 和内存使用。

(4)自定义服务器权限:DBA 可以创建数据库的权限,但不能创建服务器的权限。比如说,DBA 想要一个开发组拥有某台服务器上所有数据库的读写权限,他必须手动地完成这个操作,但是 SQL Server 2012 支持针对服务器的权限设置。

(5)增强的审计功能:所有的 SQL Server 版本都支持审计。用户可以自定义审计规则,记录一些自定义的时间和日志。

(6)BI 语义模型:这个功能是用来替代"Analysis Services Unified Dimentional Model"的。这是一种支持 SQL Server 所有 BI 体验的混合数据模型。

(7)Sequence Objects:用 Oracle 的人一直想要这个功能。一个序列(sequence)就是根据触发器的自增值。SQL Server 有一个类似的功能,identity columns,但是用对象实现了。

(8)增强的 PowerShell 支持:所有的 Windows 和 SQL Server 管理员都应该认真地学习 PowderShell 的技能。微软正在大力开发服务器端产品对 PowerShell 的支持。

(9)分布式回放(Distributed Replay):这个功能类似 Oracle 的 Real Application Testing 功能。不同的是 SQL Server 企业版自带了这个功能,而用 Oracle 的话,你还得额外购买这个功能。这个功能可以让你记录生产环境的工作状况,然后在另外一个环境重现这些工作状况。

(10)PowerView:这是一个强大的自主 BI 工具,可以让用户创建 BI 报告。

(11)SQL Azure 增强:这和 SQL Server 2012 没有直接关系,但是微软确实对 SQL Azure 做了一个关键改进,例如 Reporint Service,备份到 Windows Azure 。Azure 数据库的上限提高到了 150 G。

(12)大数据支持:这是最重要的一点,虽然放在了最后。PASS(Professional Association for SQL Server)会议上,微软宣布了与 Hadoop 的提供商 Cloudera 的合作,主要的合作内容是微软开发 Hadoop 的连接器,也就是 SQL Server 也跨入了 NoSQL 领域。

8.2 安装

8.2.1 SQL Server 2012 数据库安装

读者可以从微软官方网站自行下载,地址如下:http://www.microsoft.com/zh-cn/download/details.aspx? id=29066

8.2.2 安装的系统要求

支持的操作系统:Windows 7、Windows Server 2008 R2、Windows Server 2008 SP2、Windows Vista SP2。

(1)32 位系统:具有 Intel 1 GHz(或同等性能的兼容处理器)或速度更快的处理器(建议使用 2 GHz 或速度更快的处理器)的计算机;

(2)64 位系统:1.4 GHz 或速度更快的处理器。

(3)最低 1 GB RAM(建议使用 2 GB 或更大的 RAM)。

(4)2.2 GB 可用硬盘空间。

8.2.3 安装步骤

(1)系统解压缩之后打开该文件夹,并双击 setup.exe,开始安装 SQL Server 2012。如图 8.5 所示。

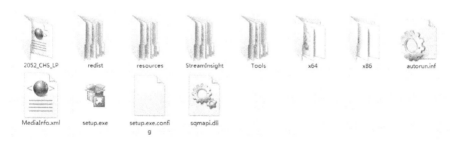

图 8.5 双击启动程序

(2)当系统打开"SQL Server 安装中心",则说明我们可以开始正常的安装 SQL Server 2012 了。我们可以通过"计划"、"安装"、"维护"、"工具"、"资源"、"高级"、"选项"等进行系统安装、信息查看以及系统设置。

（3）选中图 8.6 所示右侧的第一项"全新 SQL Server 独立安装或向现有安装添加功能"，通过向导一步步在"非集群环境"中安装 SQL Server 2012，如图 8.6 所示。

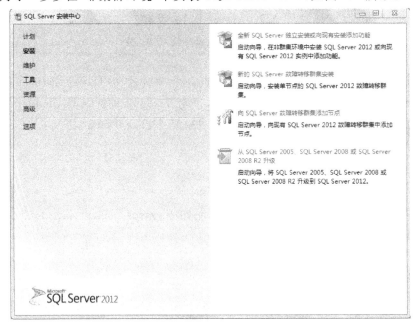

图 8.6　SQL Server 安装界面

（4）安装图解，如图 8.7 所示。

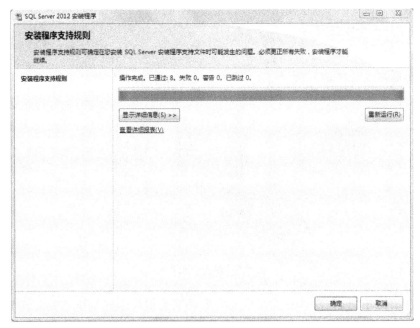

图 8.7　安装程序支持规则界面

（5）选择版本，如图 8.8 所示。

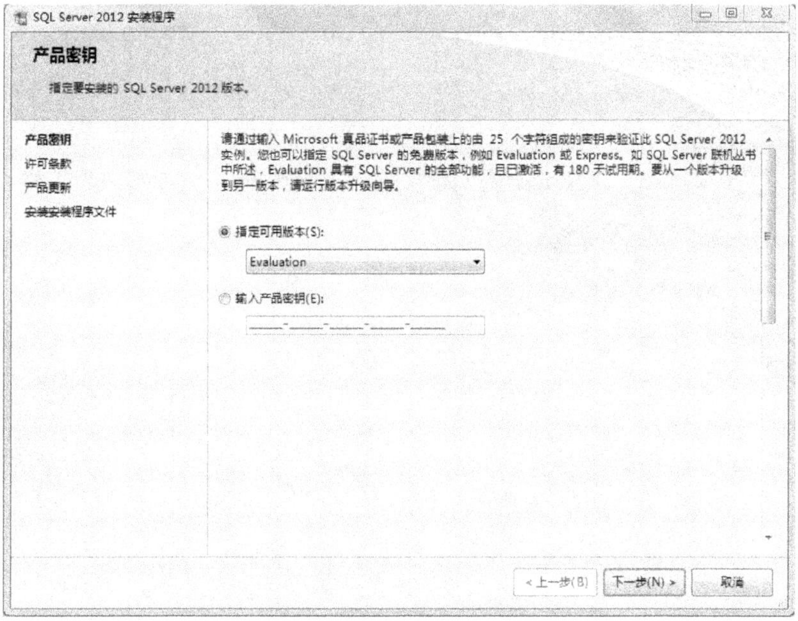

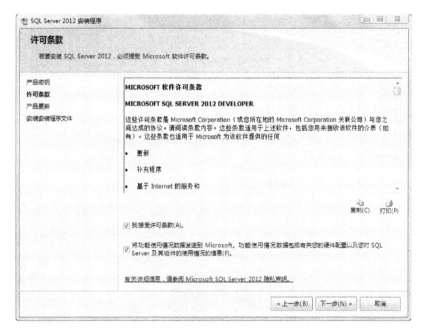

图 8.8　产品密钥对话框

（6）许可协议，点"我接受许可条款"即可，如图 8.9 所示。

图 8.9　许可条款对话框

（7）点"下一步"直到如图 8.10 所示即可。

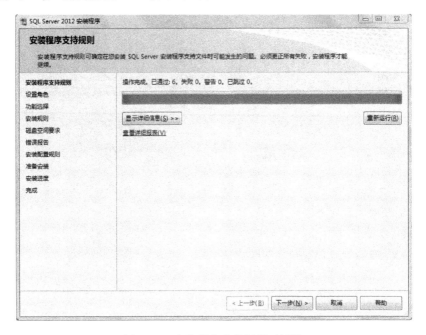

图 8.10　安装程序支持规则对话框

（8）选择"SQL Server 功能安装"，如图 8.11 所示。

图 8.11　设置角色对话框

（9）选择要安装的功能，也可以单击全选，如图 8.12 所示。

图 8.12　功能选择对话框

（10）点击"下一步"，如图 8.13 所示。

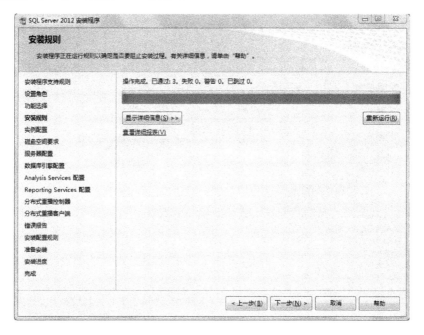

图 8.13　安装规则对话框

(11)选择默认实例即可,点击"下一步",如图 8.14 所示。

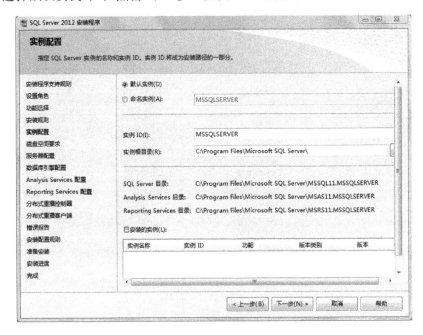

图 8.14　实例配置对话框

(12)磁盘空间要求对话框,点击"下一步",如图 8.15 所示。

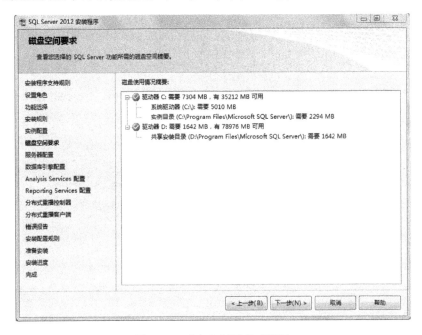

图 8.15　磁盘空间要求对话框

(13)服务器配置,可根据需要将启动类型改为手动,点击"下一步",如图 8.16 所示。

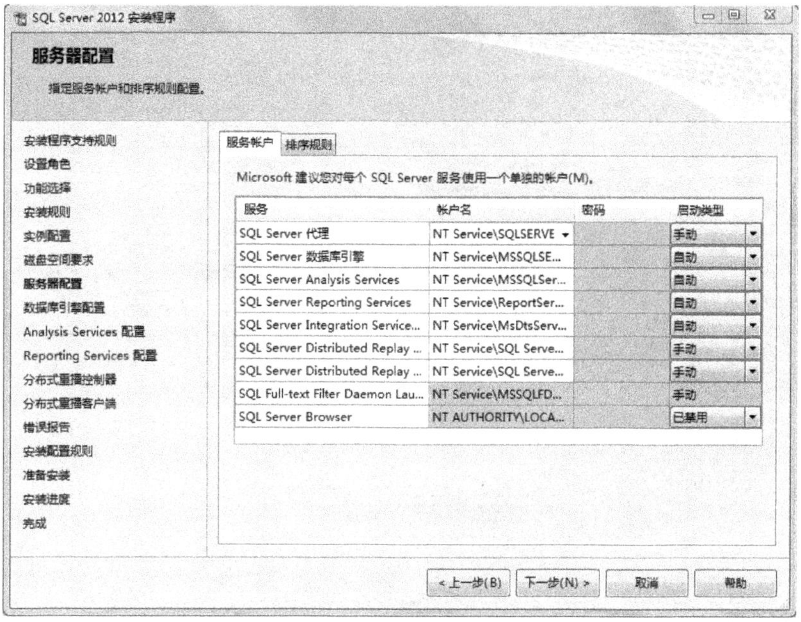

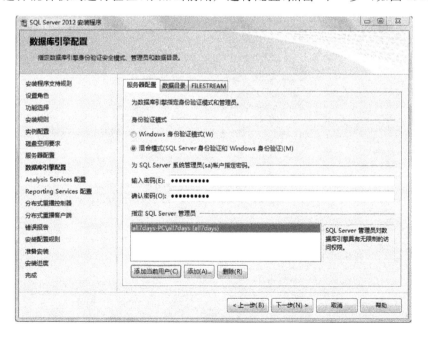

图 8.16 服务器配置对话框

(14)选择混合模式进行验证,添加当前用户进行配置,点击"下一步",如图 8.17 所示。

图 8.17 数据库引擎配置对话框

(15)选择"多维和数据挖掘模式",点击"下一步",如图 8.18 所示。

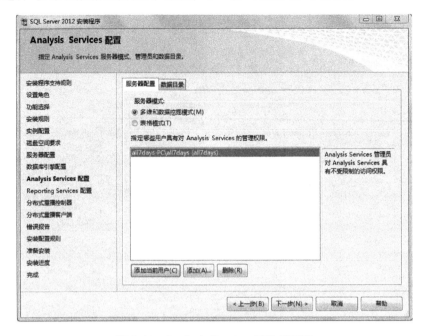

图 8.18　Analysis Services 配置对话框

(16)选择"安装和配置",如图 8.19 所示。

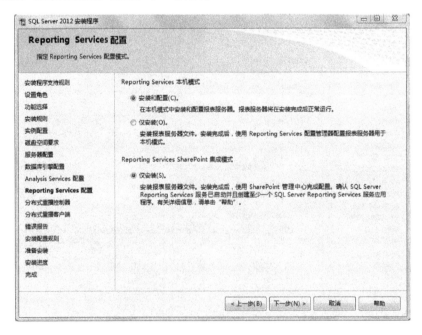

图 8.19　Reporting Services 配置对话框

（17）选择"添加当前用户"，如图8.20所示。

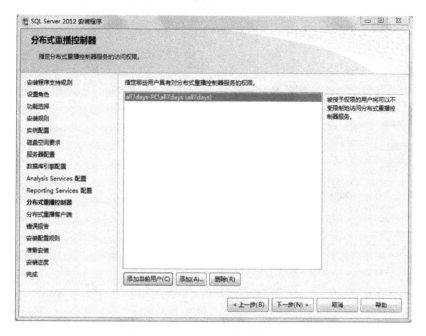

图 8.20 分布式重播控制器对话框

（18）安装配置规则，点击"下一步"如图8.21所示。

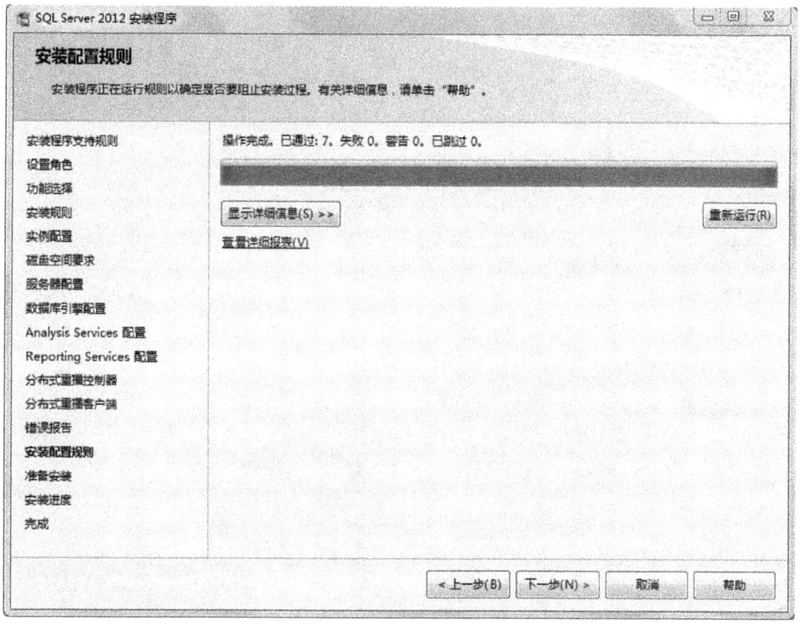

图 8.21 安装配置规则进度图

(19)选择"配置文件路径",点击"安装",如图 8.22 所示。

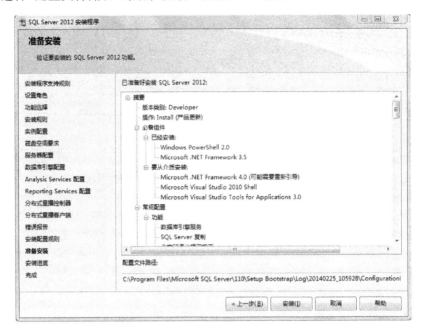

图 8.22　安装界面

(20)正在安装,如图 8.23 所示。

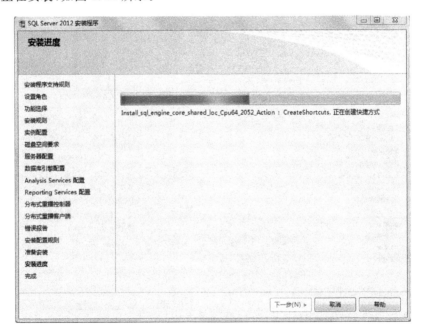

图 8.23　安装进度图

（21）安装完成，点击"关闭"，如图 8.24 所示。

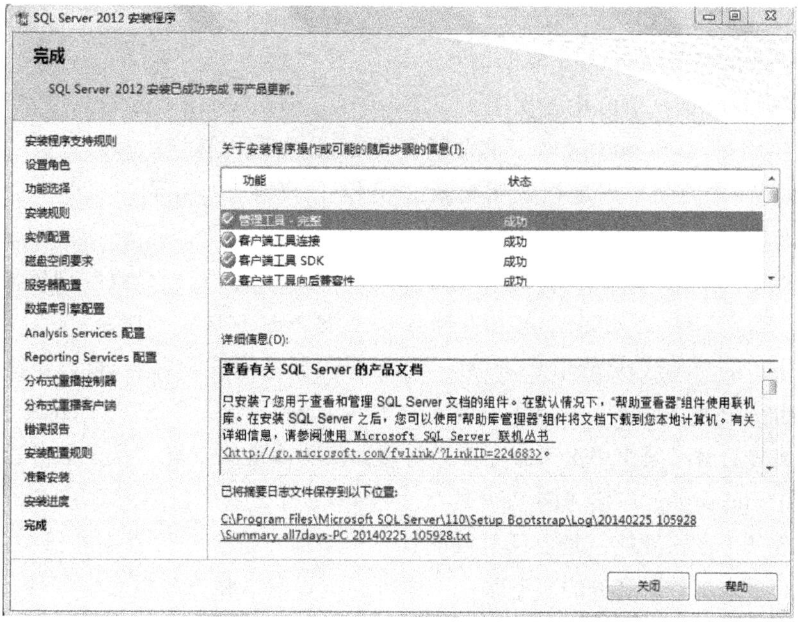

图 8.24　安装完成对话框

8.3　使用

8.3.1　SQL Server 工具

微软 SQL Server 自带的易用工具能让 DBA 和开发人员的工作变得更简单。本节总结 6 个在接触 SQL Server 时可以用到的一些最为重要的数据库管理工具。

1. Business Intelligence Development Studio（BIDS）

微软在 SQL Server 2005 中引入了 Business Intelligence Development Studio（BIDS）。 BIDS 是一款 SQL Server 管理工具，它主要的受众对象是那些使用 SQL Server 集成服务、 报表服务和分析服务的开发人员。BIDS 包含工程模板以创建 cube，报表以及集成服务包。 在 BIDS 中，开发人员可以从集成服务，分析服务和报表服务中创建包含有 facet 的工程。 BIDS 可以部署对象以测试服务器，然后将工程的输出应用到生产服务器。BIDS 只是微软 Visual Studio 自带的项目模板，它是特定于 SQL Server 商业智能的。

2. SQL Server Data Tools（SSDT）

SQL Server Data Tools（SSDT）是 SQL Server BIDS 的替代品，是 SQL Server 2012 发布之前的工具。SSDT 拥有 BIDS 的所有功能并且还具有某些新增功能：

①数据比较功能，允许在两个数据库之间比较并同步数据；

②支持对 SQL Server 进行单元测试，为 SQL Server 函数，触发器和存储过程生成单元测试；

③对象资源管理器,它可以创建、编辑、删除和重命名表、函数、触发器以及存储过程,还可以执行特定级别的数据库管理任务。

3. SQL Server Management Studio(SSMS)

微软在 SQL Server2005 中首次引入 SQL Server Management Studio(SSMS)。数据库开发人员使用此 SQL Server 管理工具来开发 T-SQL 查询,创建诸如表、索引、约束、存储过程、函数以及触发器之类的对象以及用来调试 T-SQL 代码。与此同时,DBA 使用 SSMS 来执行维护工作,例如索引重建、索引重组、备份和恢复以及安全管理等。还可以用它来分析服务和管理 SQL Server 数据库引擎,SQL Server 集成服务以及报表服务创建各种脚本。

4. Reporting Services Configuration Manager(报表服务配置管理器)

Reporting Services Configuration Manager(报表服务配置管理器)可以为报表服务器和报表管理器创建并更改设置。如果你以“install-only”模式安装了 SQL Server 报表服务,那么在安装完成之后就必须使用报表服务配置管理器来为本地模式配置报表服务器。而如果你是使用“install-and-configure”选项来安装的报表服务器,那么就可以用此 SQL Server 管理工具来验证并更改已存在的设置。此工具可以配置一个本地或是远程报表服务器实例,还可以配置用以运行此报表服务器服务的服务账户。你可以配置网络服务和报表管理器 URL,还可以创建、配置和管理报表服务器数据库,例如 ReportServer 和 ReportServerTemp DB 数据库。另外其他的功能包括:

①在报表服务器上配置电子邮件设置来以电子邮件附件的形式发送报表;

②配置无人执行账户,这样就可以在有预定操作和用户证书不可用的场景下进行远程连接;

③备份和恢复或更换对称秘钥可以用来加密连接字符串以及证书。

5. SQL Server Configuration Manager(SQL Server 配置管理器)

SQL Server Configuration Manager(SQL Server 配置管理器)可以用来管理所有 SQL Server 服务。它可以配置诸如共享内存,命名管道以及 TCP/IP 之类的网络协议。配置管理器还可以从 SQL Server 客户机器上管理网络连接配置。建议使用此工具来启动、停止、暂停和恢复所有的 SQL 服务。作为一项最佳实践,应该使用此 SQL Server 配置工具经常更换服务账户或密码。

6. SQL Server Installation Center

安装 SQL Server 之后,可以在配置工具里看到此工具。正如你所看到的重要的 SQL Server 资源一样,这对于 DBA 和开发人员们来说是一个非常方便的 SQL Server 工具。同安装选项一样,其在 SQL Server 中也提供不同的安装选项。

8.3.2 建立数据库——建立你的第一个数据库和表

例如,建立一个用于描述一个学校学生情况的数据库,把它命名为 School,并且要在 School 数据库下建立保存学生信息的表 Student。在可视化界面下,我们通常这样操作(读者可以用前文中学到的 SQL 语言自行创建数据库)。

(1)连接到本地数据库引擎后,右击数据库,选择"新建数据库",如图 8.25 所示。

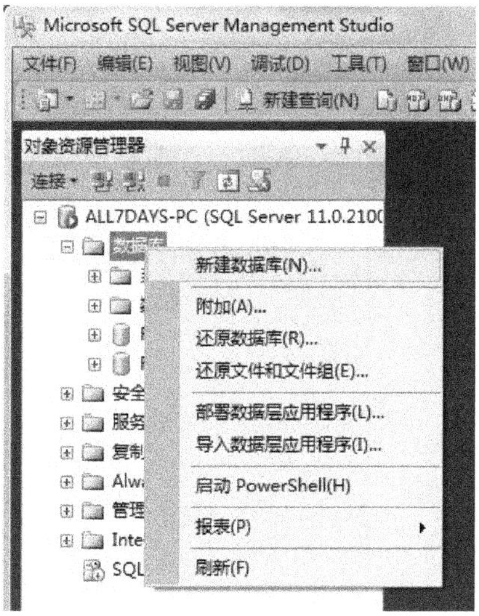

图 8.25 新建数据库

(2)在弹出的对话框中,把数据库名称设置为 School,其他参数保留默认,如图 8.26 所示。

图 8.26 设置数据库名称

（3）刷新视图，可以看到 School 数据库已经建立成功了，如图 8.27 所示。

（4）下面我们要在这个数据库中新建一张表。展开 School 数据库，右击"表"，选择"新建表"。如图 8.28 所示。

图 8.27　数据库创建成功　　　　　　图 8.28　创建表

（5）右边的窗口是表的可视化界面，在这里可以设计一张表，如图 8.29 所示。

图 8.29　设计表

（6）完成之后，我们需要把 Id 设置为主键，表示它是不重复的值，用来唯一确定一条记录，这对以后的数据操作至关重要，如图 8.30 所示。

（7）设置完成后，Id 前面会有个小钥匙的图标，如图 8.31 所示。

（8）完成后，按 Ctrl＋S，保存这张表，表名称为"Student"，如图 8.32 所示。

（9）再次刷新视图，可以看到我们的 Student 表已经建立成功了，如图 8.33 所示。

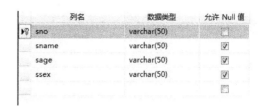

图 8.30　设置主键　　　　　　　　　　　图 8.31　主键设置完成

图 8.32　保存表

图 8.33　表创建成功

数据库编程

数据库应用操作中,存储过程和触发器及事务扮演着重要的角色,它们不仅能提高应用效率,确保一致性,更有利于提高系统执行速度。同时,使用触发器来完成业务规则,还能达到简化程序设计的目的。

9.1 存储过程

9.1.1 介绍

数据库的操作既可以通过图形界面完成,也可以通过 SQL 语句完成。实际应用中 DBA 更喜欢通过 SQL 语句来完成数据库的操作。存储过程就是一个将 SQL 语句打包成一个数据库对象并存储在服务器上,等需要时就调用或触发这些语句的数据库对象,它让 DBA 或程序员不必每次重复编写 SQL 语句,大大提高了数据库的操作速度。

存储过程是数据库的一个功能,是存储在数据库中的一段可利用的代码块。它和用户自定义函数一样,编写简单、使用方便、效率高、节约网络流量,可显著改善数据库的安全机制。各数据库厂商对存储过程的标准不一,如不特殊说明,本章示例皆以 SQL Server 2008 为标准。

存储过程是一种数据库对象,是为了实现某个特定的任务将一组预编译的 SQL 语句以一个存储单元的形式存储在服务器上,供用户调用。存储过程在第一次执行时进行编译,然后将编译好的代码保存在缓存中便于以后调用,这样可以提高代码的执行效率。它像规则、视图那样作为一个独立的数据库对象进行存储管理。在调用它时,可以接收参数,返回状态值和参数值,并允许嵌套调用。

通常情况下,与编写普通 SQL 语句相比,存储过程因具备以下优点而更被人们喜爱。

1. 存储过程允许标准组件式编程

存储过程在被创建以后可以在程序中被多次调用,而不必重新编写该存储过程的 SQL 语句。DBA 及数据库专业人员可以随时对该存储过程进行修改,却对应用程序源代码毫无影响(应用程序只包含存储过程的调用语句),从而极大地提高了程序的可移植性。

2. 存储过程能够实现较快的执行速度

如果包含大量 SQL 语句的某一操作被多次执行,那么存储过程要比批处理执行速度快很多。因为存储过程是预编译的,在首次运行此存储过程时,查询优化器对其进行分析、优化,并给出最终被存放在系统表中的执行计划。相比于 SQL 语句每次运行都要进行编译和优化,速度快一些。

3. 存储过程能够减少网络流量

对于同一个针对数据库对象的操作,如果这一操作涉及的 SQL 语句被组织成一个存储过程,当客户机调用该存储过程时,传送的只是该调用语句,从而大大减少了网络流量。

4. 存储过程可以被作为一种安全机制来充分利用

通过存储过程可以使没有权限的用户在控制之下间接地存取数据库,从而保证数据库的安全。通过存储过程可以使相关的动作在一起发生,从而可以维护数据库的完整性。避免非授权用户对数据的访问,保证数据的安全。

9.1.2 定义

创建存储过程的一般形式如下:

```
CREATE PROCEDURE sp_name
@[参数名][类型][=默认值][output],@[参数名][类型]
AS
BEGIN
......
END
```

以上格式还可以简写成:

```
CREATE PROC sp_name
@[参数名][类型],@[参数名][类型]
AS
BEGIN
......
END
```

注:"sp_name"为需要创建的存储过程的名字,该名字不可以以阿拉伯数字开头。

每个参数名前要有一个"@"符号,每一个存储过程的参数仅为该程序内部使用,参数的类型除了 IMAGE 外,其他 SQL Server 所支持的数据类型都可使用。

[=默认值]相当于我们在建立数据库时设定一个字段的默认值,这里是为这个参数设定默认值。

[OUTPUT]是用来指定该参数是既有输入值又有输出值的,也就是在调用了这个存储过程时,如果所指定的参数值是我们需要输入的参数,同时也需要在结果中输出的,则该项必须为 OUTPUT,而如果只是做输出参数用,可以用 OUT。

下面分别以实例讲述各种存储过程的创建。

(1)创建不带参数存储过程。

```
if (exists (select * from sys.objects where name = ´proc_get_student´))
    drop proc proc_get_student
go
create proc proc_get_student
as
    select * from student;
```

(2)带参存储过程。

```
if (object_id(´proc_find_stu´, ´P´) is not null)
```

```
        drop proc proc_find_stu
    go
    create proc proc_find_stu(@startId int, @endId int)
    as
        select * from student where id between @startId and @endId
    go
```

(3)带通配符参数存储过程。

```
    if (object_id('proc_findStudentByName', 'P') is not null)
        drop proc proc_findStudentByName
    go
    create proc proc_findStudentByName(@name varchar(20) = '%j%', @
    nextName varchar(20) = '%')
    as
        select * from student where name like @name and name like @nextName;
    go
```

(4)带输出参数存储过程。

```
    if (object_id('proc_getStudentRecord', 'P') is not null)
        drop proc proc_getStudentRecord
    go
    create proc proc_getStudentRecord(
        @id int, ---默认输入参数
        @name varchar(20) out, ---输出参数
        @age varchar(20) output ---输入输出参数
    )
    as
        select @name = name, @age = age from student where id = @id and sex =
        @age;
    go
```

(5)修改存储过程。

```
    alter proc proc_get_student
    as
    select * from student;
```

(6)加密存储过程。

```
    --加密 WITH ENCRYPTION
    if (object_id('proc_temp_encryption', 'P') is not null)
        drop proc proc_temp_encryption
    go
    create proc proc_temp_encryption
```

```
with encryption
as
    select * from student;
go
```

(7)Raiserror 存储过程。

Raiserror 返回用户定义的错误信息,可以指定严重级别,设置系统变量记录所发生的错误。

语法如下:

```
Raiserror({msg_id | msg_str | @local_variable}
    {, severity, state}
    [,argument[,…n]]
    [with option[,…n]]
)
```

♯ msg_id:在 sysmessages 系统表中指定的用户定义错误信息

♯ msg_str:用户定义的信息,信息最大长度在 2047 个字符

♯ severity:用户定义与该消息关联的严重级别。当使用 msg_id 引发使用 sp_addmessage 创建的用户定义消息时,raiserror 上指定严重性将覆盖 sp_addmessage 中定义的严重性

任何用户可以指定 0~18 之间的严重级别。只有 sysadmin 固定服务器角色常用或具有 alter trace 权限的用户才能指定 19~25 之间的严重级别。19~25 之间的安全级别需要使用 with log 选项。

♯ state:介于 1 至 127 之间的任何整数。state 默认值是 1。

9.1.3　调用

在存储过程建立好后,可以使用 T-SQL 语句的 EXECUTE 语句来执行存储过程,如果该存储过程是批处理的第一条语句,则 EXECUTE 关键字可以省略。

调用存储过程的基本语法如下:

```
EXECUTE sp_name
```

执行不带参数的存储过程

```
EXECUTE sp_name [@参数名 = 参数值][,…n]按参数名传递参数值

EXECUTE sp_name [参数值 1,参数值 2,…n]按位置传递参数值
```

(1)常用系统存储过程。

```
exec sp_databases;    ---查看数据库

exec sp_tables;    ---查看表

exec sp_columns student;    ---查看列

exec sp_helpIndex student;    ---查看索引

exec sp_helpConstraint student;    ---约束

exec sp_stored_procedures;

exec sp_helptext ´sp_stored_procedures´;---查看存储过程创建、定义语句
```

```
        exec sp_rename student, stuInfo;      ---修改表、索引、列的名称
        exec sp_renamedb myTempDB, myDB;      ---更改数据库名称
        exec sp_defaultdb 'master','myDB';    ---更改登录名的默认数据库
        exec sp_helpdb;      ---数据库帮助,查询数据库信息
        exec sp_helpdb master;
```

（2）系统存储过程调用示例。

```
        ---表重命名
        exec sp_rename 'stu','stud';
        select * from stud;
        ---列重命名
        exec sp_rename 'stud.name','sName','colum';
        exec sp_help 'stud';
        ---重命名索引
        exec sp_rename N'student.idx_cid', N'idx_cidd', N'index';
        exec sp_help 'student';
        ---查询所有存储过程
        select * from sys.objects where type = 'P';
        select * from sys.objects where type_desc like '%pro%' and name like 'sp%';
```

（3）调用、执行不带参数存储过程。

```
        exec proc_get_student;
```

（4）调用、执行带参存储过程。

```
        exec proc_find_stu 2, 4;
```

（5）带通配符参数存储过程。

```
        exec proc_findStudentByName;
        exec proc_findStudentByName '%o%','t%';
```

（6）带输出参数存储过程。

```
        declare @id int,
                @name varchar(20),
                @temp varchar(20);
        set @id = 7;
        set @temp = 1;
        exec proc_getStudentRecord @id, @name out, @temp output;
        select @name, @temp;
        print @name + '#' + @temp;
```

（7）调用加密存储过程。

```
        exec proc_temp_encryption;
        exec sp_helptext 'proc_temp';
        exec sp_helptext 'proc_temp_encryption';
```

（8）Raiserror 存储过程。

```
raiserror('is error', 16, 1);
select * from sys.messages;
- - - 使用 sysmessages 中定义的消息
raiserror(33003, 16, 1);
raiserror(33006, 16, 1);
```

9.2 游标

9.2.1 介绍

数据库的游标(cursor)是类似于 C 语言指针一样的语言结构。通常情况下,数据库执行的大多数 SQL 命令都是同时处理集合内部的所有数据。但是,有时候用户也需要对这些数据集合中的某一行进行操作。在没有游标的情况下,这种工作不得不放到数据库前端,用高级语言来实现,这将导致不必要的数据传输,从而延长执行时间。通过使用游标,可以在服务器端有效地解决这个问题。游标提供了一种在服务器内部处理结果集的方法,它可以识别一个数据集合内部指定的工作行,从而可以有选择地按行采取操作。

游标的功能比较复杂,不同数据库厂商的标准不一,要灵活的使用游标需要花费较长的学习时间练习和积累经验,这里介绍使用游标最基本和最常用的方法。

游标主要用在存储过程、触发器和 T-SQL 脚本中。使用游标,可以对由 SELECT 语句返回的结果集进行逐行处理。

SELECT 语句返回所有满足条件的完整记录集,在数据库应用程序中常常需要处理结果集的一行或多行。游标是处理结果集的逻辑扩展,可以看作是指向结果集的一个指针,通过使用游标,应用程序可以逐行访问并处理结果集。

（1）通过使用游标可以实现以下功能:

①在结果集中定位特定行;

②从结果集的当前位置检索行;

③支持对结果集中当前位置的行进行数据修改。

（2）放入游标中的结果集有几个显著的特征,这使得它们有别于标准的 SELECT 语句。

①声明游标与实际执行游标是分开进行的;

②在声明中命名游标,因而也命名了游标的结果集,然后通过名字来引用它;

③游标中的结果集一旦打开,就会一直保持打开,除非你关闭了它;

④游标有一组专门的命令用来导航记录集。

（3）游标通过以下方式来扩展结果处理:

①允许定位在结果集的特定行;

②从结果集的当前位置检索一行或一部分行;

③支持对结果集中当前位置的行进行数据修改;

④为由其他用户对显示在结果集中的数据库所做的更改提供不同级别的可见性支持;

⑤提供脚本、存储过程和触发器中用于访问结果集中的数据的 T-SQL 语句。

我们从数据库中取出来的都是一个结果集,除非使用 WHERE 等子句来限制只有一条语句被选中。对于多个数据行,如果我们要单独对结果集中的某一行进行特定的处理,那么就用游标。它允许应用程序对查询语句返回的行结果集中的每一行进行相同或不同的操作,而不是一次对整个结果集进行同一操作;它还提供对基于游标位置而对静态数据进行删除或更新的能力;而且,正是游标把作为面向集合的数据库管理系统和面向行的程序设计两者联系起来,使两个数据处理方式能够进行沟通。

默认情况下,将 DECLARE CURSOR 权限授予对游标中所使用的视图表和列具有 SELECT 权限的任何用户。

优点:应用程序可以应用游标对数据集进行指定行的操作。

缺点:使用不当会使运行效率更低。

9.2.2 定义

T-SQL 游标主要用于存储过程、触发器和 T-SQL 脚本中,它们使结果集的内容可用于其他的 T-SQL 语句。

在存储过程和触发器中使用 T-SQL 游标的典型过程为:声明游标、打开游标、提取数据(推游标)和关闭游标。

(1)声明游标。像使用其他类型的变量一样,使用游标之前,首先应当声明它。游标的声明包括两个部分:DECLARE 游标的名称 + 这个游标所用到的 SQL 语句。

在声明游标中值得注意的一点是,声明游标的这一段代码行是不执行其中的 SQL 语句的,不能将 Debug 时的断点设在这一行代码上。

使用 DECLARE CURSOR 可以定义 T-SQL 服务器游标的属性,例如游标的滚动行为和用于生成游标所操作的结果集的查询。DECLARE CURSOR 既接受基于 ISO 标准的语法,也接受使用一组 T-SQL 扩展的语法。

ISO 标准语法:

```
DECLARE 游标名称 [INSENSITIVE] [ SCROLL ] CURSOR FOR SQL 检索语句 [ FOR
{READ ONLY | UPDATE [ OF 列名 [,…n] ] } ] [ ; ]
```

T-SQL 扩展语法:

```
DECLARE 游标名称 CURSOR [LOCAL| GLOBAL]
    [ FORWARD_ONLY | SCROLL ]
    [ STATIC | KEYSET | DYNAMIC | FAST_FORWARD ]
    [ READ_ONLY | SCROLL_LOCKS | OPTIMISTIC ]
    [ TYPE_WARNING ]
    FOR SQL 检索语句
    [ FOR UPDATE [OF 列名 [,…n]] ] ]
[ ; ]
```

(2)打开游标。游标存在于整个连接中。声明的游标在整个连接存在期间都是可用的,直到游标被关闭或者游标被破坏(关闭或删除)。

```
OPEN [ GLOBAL ] 游标名 | 游标变量
```

打开游标后,可以使用全局变量@@CURSOR_ROWS 查看游标中数据行的数目。全局变量@@CURSOR_ROWS 中保存的是最后打开的游标中的数据行。如果其值为 0,则表示没有打开游标,如果其值为－1,则表示打开的是动态游标。当其值为－m 时,表示游标采用异步方式填充;当其值为 m 时,表示游标已被完全填充(m 表示游标中的数据行数)。

(3)读取游标。

```
FETCH
    [ [ NEXT | PRIOR | FIRST | LAST
        |ABSOLUTE { n | @nvar }
        |RELATIVE { n | @nvar }
    ]
    FROM
    ]
{ { [GLOBAL] 游标名 } | 游标变量名 }
[ INFO 变量[,…n]]
```

NEXT 紧跟当前行返回结果行并且当前行递增为返回行。

PRIOR 返回紧邻当前行前面的结果行,并且当前行递减为返回行。

FIRST 返回游标中的第一行并将其作为当前行。

LAST 返回游标中的最后一行并将其作为当前行。

ABSOLUTE{n | @nvar}:如果 n 或 @nvar 为正,则返回从游标头开始向后的第 n 行,并将返回行变成当前新的当前行。如果 n 或@nvar 为负,则返回从游标末尾开始向前的第 n 行,并将返回行变成新的当前行;如果 n 或@nvar 为 0,则不返回行。

RELATIVE{n | @nvar}:如果 n 或@nvar 为正,则返回从当前行开始向后的第 n 行,如果 n 或@nvar 为负,则返回从当前行开始向前的第 n 行。如果 n 或@nvar 为 0,则返回当前行。

综合实例:

定义一个游标查看每位学生的考试平均成绩,判断每位学生成绩的级别:平均成绩大于等于 60 分,显示获得学分,否则显示未获得学分。

```
declare stu_info cursor for select sno,avg(grade) from sc group by sno

open stu_info

declare @sno varchar(8),@cj tinyint

fetch next from stu_info into @sno,@cj

while(@@fetch_status = 0)
begin
```

```
    if @cj>=60
      print @sno+´,´+´获得学分´
    else
      print @sno+´,´+´未获得学分´
    fetch next from stu_info into @sno,@cj
end

close stu_info
deallocate stu_info
```

9.3 触发器

9.3.1 介绍

触发器是一种特殊类型的存储过程,它也是由 T-SQL 语句组成的,可以完成存储过程能完成的功能,但是它具有自己的显著特点:它与表紧密相连,可以看作表定义的一部分;它不能通过名称直接被调用,更不允许参数,而是当用户对表中的数据进行修改时,自动执行;它可以用于 SQL Server 约束、默认值和规则的完整性检查,实施更为复杂的数据完整性约束。

当数据库中发生数据操作语言(DML)事件将调用 DML 触发器。DML 事件包括在指定表或视图中修改数据的 INSERT 语句,UPDATE 语句或 DELETE 语句。DML 触发器可以查询其他表,还可以包含复杂的 T-SQL 语句,将触发器和触发它的语句作为可在触发器内回滚的单个事务对待。如果检测到错误(磁盘空间不足等),则将整个事务回滚。

1.触发器的缺点

(1)可移植性是存储过程和触发器的最大缺点,因为它们部署在服务器上,而且和操作系统权限有着千丝万缕的关系。

(2)占用服务器太多的资源,对服务器造成很大的压力。

(3)存储过程中不能有大部分 DDL 语法,但是触发器中解决了这个问题。

(4)触发器排错困难,而且容易造成数据不一致,后期维护不方便,虽然触发器和约束都是为了保证数据的完整性的,可是如果编写的时候出现一些小的错误、漏洞,就会使原本完整的数据反倒很不完整,所以在编写触发器时一定要细致小心(养成注释清晰准确的习惯),触发器中即使逻辑构造合理也很难以避免这个问题。

(5)触发器是后置触发,总是在事情发生后才执行补救措施。

2.触发器的优点

(1)实现数据库中相关表级联更改。(不过,通过级联引用完整性约束可以更有效地执行这些更改)。

(2)强制用比 CHECK 约束更为复杂的约束。与 CHECK 约束不同,触发器可以引用其他表中的列以及执行其他操作。

(3)评估数据修改前后的表状态,并根据其差异采取对策。一个表中的多个同类触发器允许采取多个不同的对策以响应同一个修改语句。

(4)使用自定义的错误信息。用户有时需要在数据完整性遭到破坏或其他情况下,发出预先定义好的错误信息或定义的错误信息。通过使用触发器,用户可以捕获破坏数据完整性的操作,并返回自定义的错误信息。

(5)维护非规范化数据。用户可以使用触发器来保证非规范数据库中低级数据的完整性。维护非规范化数据与表的级联是不同的。

(6)可以重复使用,减少开发人员的工作量。如果是 SQL 语句的话,使用一次就要编写一次。

(7)业务逻辑封装性好,数据库中很多问题都是可以在程序代码中去实现的,但是将之分离出来在数据库中处理,这样逻辑上更加清晰,对于后期维护和二次开发的作用是显而易见的。

(8)安全,不会有 SQL 语句注入问题存在,当然这个问题其实是相对的,只不过较 SQL 语句降低了很多。

3.触发器的特征

(1)当任何数据修改语句或者数据定义语句被发出时,它就被 SQL Server 自动激发。

(2)触发器不可被显示的调用或执行。

(3)它防止了对数据不正确、未授权和不一致的改变。

(4)它不能返回数据给用户。

(5)触发器可以嵌套执行,但最多 32 层。

在表中插入数据时触发触发器,而触发器内部此时发生了运行时错误,那么将返回一个错误值,并且拒绝刚才的数据插入。触发器中可以使用大多数 T-SQL 语句,但如下一些语句是不能在触发器中使用的。

CREATE 语句,如:CREATE DATABASE、CREATE TABLE、CREATE INDEX 等。

ALTER 语句,如:ALTER DATABASE、ALTER TABLE、ALTER INDEX 等。

DROP 语句,如:DROP DATABASE、DROP TABLE、DROP INDEX 等。

DISK 语句,如:DISK INIT、DISK RESIZE。

LOAD 语句,如:LOAD DATABASE、LOAD LOG。

RESTORE 语句,如:RESTORE DATABASE、RESTORE LOG。

RECONFIGURE TRUNCATE TABLE 语句在 sybase 的触发器中不可使用!

9.3.2 定义

1.触发器的分类

一般的 DBMS(如 SQL Server)包含三种常规类型的触发器:DDL 触发器、登录触发器和 DML 触发器。

(1)DDL 触发器是一种特殊的触发器,它在响应数据定义语言(DDL)语句时触发。它可以用于在数据库中执行管理任务。例如,审核以及规范数据库操作。DDL 触发器最适合执行以下操作。

- 要防止对数据库架构进行某些更改。
- 希望数据库中发生某种情况以响应数据库架构中的更改。
- 要记录数据库架构中的更改或事件。

（2）登录触发器将为响应 LOGIN 事件而激发存储过程。与 SQL Server 实例建立用户会话时将引发此事件。登录触发器将在登录的身份验证阶段完成之后且用户会话实际建立之前激发。因此来自触发器内部且通常将到达用户的所有消息（例如错误消息和来自 PRINT 语句的消息）会传到 SQL Server 错误日志。如果身份验证失败，将不激发登录触发器。登录触发器可以用来审核和控制服务器会话，如通过跟踪登录活动、限制 SQL 登录名或限制特定登录名的会话数。

（3）DML 触发器：一般的 DBMS 主要提供两种机制来强制使用业务规则和数据完整性：约束和触发器。触发器是特殊类型的存储过程，可在执行语言事件时自动生效。

DML 触发器主要用在以下方面：

①DML 触发器可通过数据库中的相关表实现级联更改。不过，通过级联引用完整性约束可以更为有效地进行这些更改。

②DML 触发器可以防止恶意或错误的 INSERT、UPDATE 以及 DELETE 操作，并强制执行比 CHECK 约束定义的限制更为复杂的其他限制。与 CHECK 约束不同，DML 触发器可以引用其他表中的列。

③DML 触发器可以评估数据修改前后表的状态，并根据该差异采取措施。

④一个表中的多个同类的 DML 触发器（INSERT、UPDATE 或 DELETE）允许采取多个不同的操作来响应同一个修改语句。

2. 创建 DDL 触发器

在响应当前数据库或服务器上的处理的 T-SQL 事件时，可以触发 DDL 触发器。触发器的作用域取决于事件。例如每当数据库或服务器实例上发生 CREATE_TABLE 事件时，都会激发为响应 CREATE_TABLE 事件创建的 DDL 触发器。仅当服务器上发生 CREATE_LOGIN 事件时，才能激发为响应 CREATE_LOGIN 事件创建的 DDL 触发器。

DDL 触发器在不同的 DBMS 上差异较大，且应用率相比 DML 触发器少很多，本套教材仅以 SQL Server 对 DML 触发器作简单介绍。

3. 创建 DML 触发器

DML 触发器主要包括三种：insert 触发器、update 触发器和 delete 触发器。DML 触发器可以查询其他表，还可以包含复杂的 Transact-SQL 语句。将触发器和触发它的语句作为可在触发器内回滚的单个事务对待，如果检测到错误，则整个事务自动回滚。

DML 触发器创建需要制定以下内容：

①触发器的名称；

②触发器所给予的表或者视图；

③触发器激活的时机；

④激活触发器的操作语句，有效的选项是 insert、update、delete；

⑤触发器执行的语句。

DML 触发器的基本语法：

```
DELIMITER |
CREATE TRIGGER ⟨databaseName⟩.⟨triggerName⟩
⟨[ BEFORE | AFTER ]⟩⟨[ INSERT | UPDATE | DELETE ]⟩
ON [dbo]⟨tableName⟩ //dbo 代表该表的所有者
FOR EACH ROW
BEGIN
 --do something
END
```

在 create trigger 的语法中,各主要参数含义如下:

· trigger_name:是要创建的触发器的名称。

· table]]view:是在其上执行触发器的表或者视图,有时称为触发器表或者触发器视图。可以选择是否指定表或者视图的所有者名称。

· for,after,instead of:制定触发器触发的时机,其中 for 也创建 after 触发器。

· delete,insert ,update:指定在表或者视图上执行哪些数据修改语句时将触发触发器的关键字,必须至少指定一个选项。在触发器定义中允许使用以任意顺序组合的这些关键字。如果指定的选项多于一个,需要用逗号分隔这些选项。

· sql_statement:指定触发器所执行的 Transact-SQL 语句。

可以把 SPL Server 2008 系统提供的 DML 触发器分成 4 种,即 insert 触发器、delete 触发器、update 触发器和 instead of 触发器。

9.3.3 使用

1.查看触发器信息

通过使用系统存储过程 sp_helptrigger 来查看某张特定表上存在的触发器的某些相关信息。具体命令的语法如下:

```
EXEC sp_helptrigger table_name
```

2.修改触发器

通过 ALERT trigger 命令修改触发器正文。在实际应用中,用户可能需要改变一个已经存在的触发器,可以通过使用 SQL Server 提供的 ALTER TRIGGER 语句来实现。SQL Server 可以在保留现有触发器名称的同时,修改触发器的触发动作和执行内容。修改触发器的具体语法如下:

```
ALTER TRIGGER trigger_name
ON {table | view}
{FOR | AFTER | INSTEAD OF}{INSERT,UPDATE,DELETE}
[WITH ENCRYPTION]
AS
IF UPDATE(column_name)
{and | or} UPDATE(column name)…]
```

3.删除触发器

使用命令 DROP TRIGGER 删除指定的触发器,删除触发器的具体语法形式如下:

```
DROP TRIGGER trigger_name
```

4. 禁止和启用触发器

在使用触发器时,用户可能遇到在某些时候需要禁止某个触发器起作用的场合,例如用户需要对某个建有 INSERT 触发器的表中插入大量数据。当一个触发器被禁止后,该触发器仍然存在于数据表上,只是触发器的动作将不再执行,直到该触发器被重新启用。禁止和启用触发器的具体语法如下:

```
ALTER TABLE table_name
{ENABLE | DISABLE} TRIGGER
{ALL | trigger_name[,…n]}
```

其中,{ENABLE | DISABLE} TRIGGER 指定启用或禁用 trigger_name。当一个触发器被禁用时,它对表的定义依然存在;然而,当在表上执行 INSERT、UPDATE 或 DELETE 语句时,触发器中的操作将不执行,除非重新启用该触发器。ALL 指定启用或禁用表中所有的触发器;trigger_name 指定要启用或禁用的触发器名称。

5. 触发器实例

(1)insert 触发器。

创建一个触发器,如果输入学号为 0000000001 则拒绝插入,并产生错误信息。

```
CREATE TRIGGER tri_insert
ON student
FOR INSERT
AS
DECLARE @student_id CHAR(10)
SELECT @student_id = s.student_id FROM
student s inner join inserted i
ON s.student_id = i.student_id
IF @student_id = ´0000000001´
BEGIN
RAISERROR(´不能插入的学号!´,16,8)
ROLLBACK TRAN
END
GO
```

创建一张表 department 存放每个院系和它的总人数,创建触发器,当有新学生转入自动更新 department 对应的人数值。

```
create table department
{sdept varchar(10) parimary key,
Total int
}
CREATE TRIGGER [TT] ON [dbo].[Student]
FOR INSERT
```

```
        AS
        declare @dept varchar(50)
        select @dept = sdept from inserted
        updatedepartment set total = total + 1
        wheresdept = @dept
```

（2）update 触发器示例。

```
    CREATE TRIGGER tri_update
    ON student
    FOR UPDATE
    AS
    IF update(student_id)
    BEGIN
    RAISERROR('学号不能修改!',16,8)
    ROLLBACK TRAN
    END
    GO
```

（3）delete 触发器示例。

```
    CREATE TRIGGER tri_delete
    ON student
    FOR DELETE
    AS
    DECLARE @student_id varchar(10)
    SELECT @student_id = student_id FROM deleted
    IF @student_id = 'admin'
    BEGIN
    RAISERROR('错误',16,8)
    ROLLBACK TRAN
    END
```

9.4 事务

9.4.1 定义

事务的声明和提交：

```
    BEGIN { TRAN | TRANSACTION }
    [ {事务名 | @tran_name_variable }
        [ WITH MARK ['description'] ]
    ]
    [ ; ]
```

- WITH MARK['description']:指定在日志中标记事务。description 是描述该标记

的字符串,如果使用了 WITH MARK,则必须指定事务名。WITH MARK 允许将事务日志
还原到命名标记。

- 事务的回滚:回滚就是指将显式事务或隐式事务回滚到事务的起点或事务内的某个
保存点。

在事务内设置保存点,语法如下:

```
SAVE { TRAN | TRANSACTION } { 保存点名字 | @savepoint_variable } [ ; ]
```

用户可以在事务内设置保存点或标记。保存点提供了一种机制,用于回滚部分事务。可
以使用 SAVE TRANSACTION savepoint_name 语句创建保存点,然后执行 ROLLBACK
TRANSACTION savepoint_name 语句以回滚到保存点,而不是回滚到事务的起点。

在不可能发生错误的情况下,使用保存点很有用。在很少出现错误的情况下,使用保存
点回滚部分事务,比让每个事务在更新之前测试更新的有效性更为有效。更新和回滚操作
代价很大,因此只有在遇到错误的可能性很小,而且预先检查更新的有效性的代价相对很高
的情况下,使用保存点才会非常有效。

保存点可以定义在按条件取消某个事务的一部分后,该事务可以返回的一个位置,如果
将事务回滚到保存点,则根据需要必须完成其他剩余的 T-SQL 语句和 COMMIT
TRANSACTION 语句,或者必须通过将事务回滚到起始点完全取消事务。若要取消整个
事务,应使用 ROLLBACK TRANSACTION transaction_name 语句。这将撤消事务的所有
语句和过程。

在事务中允许有重复的保存点名称,但指定的保存点名称的 ROLLBACK
TRANSACTION 语句只将事务回滚到使用该名称的最近的 SAVE TRANSACTION。

9.4.2 使用

事务操作的语法:

```
BEGIN TRANSACTION
BEGIN DISTRIBUTED TRANSACTION
COMMIT TRANSACTION
COMMIT WORK
ROLLBACK WORK
SAVE TRANSACTION
```

下面我们来详细介绍比较常用的几个:

(1)BEGIN TRANSACTION 标记一个显式本地事务的起始点。

BEGIN TRANSACTION 将 @@TRANCOUNT 加 1。

BEGIN TRANSACTION 代表一点,由连接引用的数据在该点是逻辑和物理上都一致
的。如果遇上错误,在 BEGIN TRANSACTION 之后的所有数据改动都能进行回滚,以将
数据返回到已知的一致状态。每个事务继续执行直到它无误地完成并且用 COMMIT
TRANSACTION 对数据库作永久的改动,或者遇上错误并且用 ROLLBACK
TRANSACTION 语句擦除所有改动。

语法:

```
BEGIN TRAN [ SACTION ] [ transaction_name | @tran_name_variable [ WITH MARK
```

　　　　［´description´］］

例子：

```
BEGIN TRAN T1
UPDATE table1 ...
 — — nest transaction M2
BEGIN TRAN M2 WITH MARK
UPDATE table2 ...
SELECT * from table1
COMMIT TRAN M2
UPDATE table3 ...
COMMIT TRAN T1
```

（2）BEGIN DISTRIBUTED TRANSACTION 指定一个由 Microsoft 分布式事务处理协调器（MS DTC）管理的 Transact-SQL 分布式事务的起始。

语法：

```
BEGIN DISTRIBUTED TRAN [ SACTION ][ transaction_name | @tran_name_variable ]
```

参数：

　　• transaction_name：是用户定义的事务名，用于跟踪 MS DTC 实用工具中的分布式事务。transaction_name 必须符合标识符规则，但是仅使用头 32 个字符。

　　• @tran_name_variable：是用户定义的一个变量名，它含有一个事务名，该事务名用于跟踪 MS DTC 实用工具中的分布式事务。必须用 char、varchar、nchar 或 nvarchar 数据类型声明该变量。

　　执行 BEGIN DISTRIBUTED TRANSACTION 语句的服务器是事务创建人，并且控制事务的完成。

　　当连接发出后续 COMMIT TRANSACTION 或 ROLLBACK TRANSACTION 语句时，主控服务器请求 MS DTC 在所涉及的服务器间管理分布式事务的完成。

　　有两个方法可将远程 SQL 服务器登记在一个分布式事务中：

　　• 分布式事务中已登记的连接执行一个远程存储过程调用，该调用引用一个远程服务器。

　　• 分布式事务中已登记的连接执行一个分布式查询，该查询引用一个远程服务器。

（3）SAVE TRANSACTION 在事务内设置保存点。

语法：

```
SAVE TRAN [ SACTION ] { savepoint_name | @savepoint_variable }
```

参数：

　　• savepoint_name：是指派给保存点的名称。保存点名称必须符合标识符规则，但只使用前 32 个字符。

　　@savepoint_variable：是用户定义的、含有有效保存点名称的变量的名称。

　　用户可以在事务内设置保存点或标记。保存点定义如果有条件地取消事务的一部分，事务可以返回的位置。如果将事务回滚到保存点，则必须（如果需要，使用更多的 Transact-

SQL 语句和 COMMIT TRANSACTION 语句)继续完成事务,或者必须(通过将事务回滚到其起始点)完全取消事务。若要取消整个事务,请使用 ROLLBACK TRANSACTION transaction_name 格式。这将撤销事务的所有语句和过程。

(4)ROLLBACK TRANSACTION 将显式事务或隐性事务回滚到事务的起点或事务内的某个保存点。

语法:

> ROLLBACK [TRAN [SACTION]][transaction_name | @tran_name_variable | savepoint_name | @savepoint_variable]]

在事务内允许有重复的保存点名称,但 ROLLBACK TRANSACTION 若使用重复的保存点名称,则只回滚到最近的使用该保存点名称的 SAVE TRANSACTION。

ROLLBACK TRANSACTION 权限默认授予任何有效用户。

(5)COMMIT TRANSACTION。此语句标志一个成功的隐性事务或用户定义事务的结束。如果 @@TRANCOUNT 为 1,COMMIT TRANSACTION 使得自从事务开始以来所执行的所有数据修改成为数据库的永久部分,释放连接占用的资源,并将 @@TRANCOUNT 减少到 0。如果@@TRANCOUNT 大于 1,则 COMMIT TRANSACTION 使 @@TRANCOUNT 按 1 递减。只有当事务所引用的所有数据的逻辑都正确时,才发出 COMMIT TRANSACTION 命令。

(6)COMMIT WORK 标志事务的结束。

语法:

> COMMIT[WORK]

此语句的功能与 COMMIT TRANSACTION 相同,但 COMMIT TRANSACTION 接受用户定义的事务名称。这个指定或没有指定可选关键字 WORK 的 COMMIT 语法与 SQL-92 兼容。

隐性事务:当连接以隐性事务模式进行操作时,SQL Server 将在提交或回滚当前事务后自动启动新事务。无须描述事务的开始,只需提交或回滚每个事务。隐性事务模式生成连续的事务链。在为连接将隐性事务模式设置为打开之后,当 SQL Server 首次执行下列任何语句时如表 9.1 所示,都会自动启动一个事务:

表 9.1　能自动启动事务的语句

ALTER TABLE	INSERT
CREATE	OPEN
DELETE	REVOKE
DROP	SELECT
FETCH	TRUNCATE TABLE
GRANT	UPDATE

在发出 COMMIT 或 ROLLBACK 语句之前,该事务将一直保持有效。在第一个事务被提交或回滚之后,下次当连接执行这些语句中的任何语句时,SQL Server 都将自动启动一个新事务。SQL Server 将不断地生成一个隐性事务链,直到隐性事务模式关闭为止。

实例:将一名学生插入 student 表,学号 201100001,姓名为李平,性别男,年龄 20,系别为 CS。随即将学号为 201100002 的选修记录插入 sc,选修课程 1,成绩为 60。如果失败,全部撤回。

```
Begin tran
    Insert into student values('201100001','李平','男',20,'CS')
    Insert into sc values('201100002',1,60)
If(@@error<>0) rollback tran
Else
    Commit tran
```

数据库应用

数据库在 Web 应用开发中发挥着巨大的作用,没有数据库在后台做支撑,Web 应用就显得有些苍白无力,没有了生机。好的数据库设计会在一定程度上提高 Web 应用访问响应速度,让用户有一个更好的体验效果。在本章中我们结合 SQL Server 和 ASP. NET 应用的开发过程,阐述数据库在开发过程中的应用。

10.1 ADO. NET 概述

ADO. NET(ActiveX Data Objects for the . Net Framework)是为. NET 框架创建的,它提供了编程语言和统一数据访问方式 OLE DB 的一个中间层。允许开发人员编写访问数据的代码而不用关心数据库是如何实现的。访问数据库的时候,特定的数据库支持的 SQL 命令可以通过 ADO. NET 中的命令对象来执行,因此我们需要学习如何使用 ADO. NET 以及 SQL 命令。

ADO. NET 能够编写对数据库服务器中的数据进行访问和操作的应用程序,并且易于使用、高速度、低内存支出和占用磁盘空间较少,支持用于建立基于客户端/服务器和 Web 的应用程序的主要功能。ADO. NET 拥有自己的 ADO. NET 接口并且基于微软的. NET 体系架构。众所周知. NET 体系不同于 COM 体系,ADO. NET 接口也就完全不同于 ADO 和 OLE DB 接口,这也就是说 ADO. NET 和 ADO 是两种数据访问方式。

ADO. NET 对 Microsoft SQL Server 和 XML 等数据源提供一致的访问,此外,它还可以通过 OLE DB 和 XML 公开的数据源提供一致的访问。我们可以使用 ADO. NET 来连接这些数据源,对数据源进行一系列的操作。

10.1.1 ADO. NET 简介

ADO. NET 是专为基于消息的 Web 应用程序而设计的,同时还能为其他应用程序结构提供较好的功能。通过支持对数据的松耦合访问,ADO. NET 减少了与数据库的活动连接数目(即减少了多个用户争用数据库服务器上的有限资源的可能性),从而实现了最大程度的数据共享。

它提供了平台互用性和可伸缩的数据访问。ADO. NET 增强了对非连接编程模式的支持,并支持 RICH XML。由于传送的数据都是 XML 格式的,因此任何能够读取 XML 格式的应用程序都可以进行数据处理。事实上,接受数据的组件不一定要是 ADO. NET 组件,它可以是基于一个 Microsoft Visual Studio 的解决方案,也可以是任何运行在其他平台上的应用程序。

ADO. NET 是一组用于和数据源进行交互的面向对象类库。通常情况下,数据源是数据库,但它同样也能够是文本文件、Excel 表格或者 XML 文件。

ADO. NET 允许和不同类型的数据源以及数据库进行交互。然而并没有与此相关的一系列类来完成这样的工作。因为不同的数据源采用不同的协议,所以对于不同的数据源必须采用相应的协议。一些老式的数据源使用 ODBC 协议,许多新的数据源使用 OleDb 协议,并且现在还不断出现更多的数据源,这些数据源都可以通过. NET 的 ADO. NET 类库来进行连接。

ADO. NET 提供与数据源进行交互的相关的公共方法,但是对于不同的数据源采用一组不同的类库。这些类库称为 Data Providers,并且通常是以与之交互的协议和数据源的类型来命名的。

10.1.2 ADO. NET 组件

ADO. NET 的两个核心组件是 DataSet 和. NET Framework 数据提供程序。. NET Framework 数据提供程序是专门为数据操作以及快速、只进、只读访问数据而设计的组件,其中. NET Framework 数据提供程序包括 Connection、Command、DataReader 和 DataAdapter 对象。ADO. NET DataSet 是专门为独立于任何数据源的数据访问而设计的。因此,可用于多种不同的数据源,用于 XML 数据,或用于管理应用程序本地的数据。DataSet 包含一个或多个 DataTable 对象的集合,这些对象由数据行和数据列以及有关DataTable 对象中数据的主键、外键、约束和关系信息组成。

. NET Framework 提供了 4 个. NET Framework 数据提供程序:SQL Server. NET Framework 数据提供程序、OLE DB. NET Framework 数据提供程序、ODBC. NET Framework 数据提供程序和 Oracle. NET Framework 数据提供程序。

10.1.3 ADO. NET 数据提供者

. NET 数据提供者用来连接到数据库、执行命令并且取回结果。在. NET 框架中,既包含 SQL Server 的. NET 数据库提供者(用于微软的 SQL Server 7.0 及以后版本),也包含 OLE DB 的. NET 数据提供者。数据提供者由 4 个核心对象组成,分别是 Connection、Command、DataReader、DataAdapter。其中 Connection 对象确立到一个特定的数据库的连接;Command 对象针对数据源执行一个命令,可以带参数,可以在一个连接的事务中执行;DataReader 对象从数据源读取一个只能向前的、只读的数据流;DataAdapter 装配 DataSet,以及解决数据源的更新。

10.2 数据库访问

本节中使用开发工具为 SQL Server 2008 + Visual Studio 2010;. NET FrameWork 使用的版本是 3.5。

10.2.1 数据库类型映射

SQL Server 和. NET Framework 基于不同的类型系统。例如,. NET Framework Decimal 结构的最大小数位数为 28,而 SQL Server 的 decimal 和 numeric 数据类型的最大小数位数为 38。为了在读取和写入数据时维护数据的完整性,SqlDataReader 将公开用于返回 System. Data. SqlTypes 的对象的 SQL Server 特定的类型化访问器方法以及用于返回

.NET Framework 类型的访问器方法。SQL Server 类型和 .NET Framework 类型也可通过 DbType 和 SqlDbType 类中的枚举表示,当您指定 SqlParameter 数据类型时可以使用这些枚举。

下表是.NET Framework 类型和 SqlDbType 枚举以及 SqlDataReader 的访问器方法。

表 10.1 .NET FraneWork 类型、SqlDbType 枚举以及 SqlDataReader 的访问器方法

SQL Server 数据库引擎类型	.NET Frameword 类型	SqlDbType 枚举	SqlDataReader SqlTypes 类型化访问器
bigint	Int64	BigInt	GetSqlInt64
binary	Byte[]	VarBinary	GetSqlBinary
bit	Boolean	Bit	GetSqlBoolean
char	String Char[]	Char	GetSqlString
date	DateTime	Date	GetSqlDateTime
datetimeoffset	DateTimeOffset	DateTime	none
decimal	Decimal	Decimal	GetSqlDecimal
float	Double	Float	GetSqlDouble
image	Byte[]	Binary	GetSqlBinary
int	Int32	Int	GetSqlInt32
money	Decimal	Money	GetSqlMoney
nchar	String Char[]	NChar	GetSqlString
ntext	String Char[]	NText	GetSqlString
numeric	Decimal	Decimal	GetSqlDecimal
nvarchar	String Char[]	NVarChar	GetSqlString
varchar	String Char[]	VarChar	GetSqlString
text	String Char[]	Text	GetSqlString
xml	Xml	Xml	GetSqlXml

10.2.2 数据库连接

在 ADO.NET 对象模型中,Connection 对象用于连接到数据库和管理数据库的事务。它的一些属性描述了数据源和用户身份验证。Connection 对象还提供一些方法允许程序员

与数据源建立连接和断开连接。不同的数据源需要使用不同的类建立连接。例如,要连接到 Microsoft SQL Server 7.0 以上版本,需要选择 SqlConnection 对象,要连接到 OLE DB 数据源或者 Microsoft SQL Server 7 或者更早版本,需要选择 OleDbConnection 对象。

SqlConnection 连接字符串中常用到的参数如表 10.2 所示。

表 10.2   SqlConnection 连接字符串中的参数及其描述

参　数	描　述
DataSourc 或 Server	连接打开时使用的 SQL Server 数据库服务器名称,或者是 Microsoft Access 数据库的文件名,可以使 local、localhost,也可以是具体数据库服务器名称
IntitialCatalog 或 Database	数据库的名称
Integrated Security	此参数决定连接是否是安全连接。可能的值是 True、False 和 SSPI(SSPI 是 True 的同义词)
UserID 或 uid	SQL Server 账号的登录名
Password 或 pwd	SQL Server 登录密码

以下代码演示了在 ASP.NET 中连接 Sql Server 数据库的方法

```
using System.Data;
using System.Data.SqlClient;
protected void Page_Load(object sender ,EventArge e)
{
    //连接的数据库名为 StudentDB,用户名为 sa,用户密码为空
        string strCon ="Data Source = localhost; Initial Catalog = StudentDB;
        Integrated Security = True;
        User ID = sa;Password =";
        SqlConnection conn = new SqlConnection(strCon);
        //打开数据库连接
        conn.Open();
        //连接后的操作
        //关闭数据库连接
        conn.Close();
}
```

10.2.3　数据库操作

当数据库连接上以后,就要使用一个数据库操作对象来实现。Command 对象就是用来执行数据库操作命令的。比如对数据库中数据表的添加删除,记录的增加删除,或是记录的更新等等都是要通过 Command 对象来实现的。一个数据库操作命令可以用 SQL 语句来表达,包括选择查询(SELECT 语句)来返回记录集合,执行更新查询(UPDATE 语句)来执行

更新记录,执行删除查询(DELETE 语句)来删除记录等等。Command 命令也可以传递参数并返回值,同时 Command 命令也可以被明确的定界,或调用数据库中的存储过程。根据连接的数据源的不同,可以分为 4 类。

- SqlCommand:用于对 SQL Server 数据库执行命令
- OdbcCommand:用于对支持 ODBC 数据库执行命令
- Oleommand:用于对支持 OLEDB 数据库执行命令
- OracleCommand:用于对 Oracle 数据库执行命令

下面以 SqlCommand 为例进行介绍,其他与之类似。SqlCommand 对象的属性及属性的说明如表 10.3 所示。

表 10.3　SqlCommand 对象的属性及属性的说明

属　　性	描　　述
Connection	获取 SqlConnection 实例,使用该对象对数据库通信
CommandText	设置或返回包含提供者(provider)命令的字符串
CommandTimeout	设置或返回长整型值,该值指示等待命令指向的时间(单位为秒)默认值是 30
CommandType	设置或返回一个 Command 对象的类型
CommandBehavior	设定 Command 对象的动作模式
SqlParamtersConnection	提供命令的参数集合

SqlCommand 对象方法及其描述如表 10.4 所示。

表 10.4　QqlCommand 对象方法及其描述

方法	描述
Cancel	取消一个方法的一次执行
Execute	执行 CommandText 属性中的查询、SQL 语句或存储过程
ExecuteNonQuery	类型为 void,执行不返回结果的 SQL 语句,包括 SELECT、UPDATE、DELETE、CREATE TABLE、CREATE PROCEDURE 及不返回结果的存储过程
ExecuteReader	类型为 SqlDataReader,执行 SELECT、TableDirect 或由返回结果的存储过程
ExecuteScalar	类型为 object,从数据库中实现单个字段的检索

下面的程序是在 Page_Load 事件使用 Sqlcommand 的构造函数创建 Sqlcommand 对象,并设置 CommandText 为执行的 SQL 语句,用此来查询在 8.3.2 节中建立的数据库表。代码为

```
using System.Data;
```

```
using System.Data.SqlClient;
protected void Page_Load(object sender ,EventArge e)
{
    //连接的数据库名为 StudentDB,用户名为 sa,用户密码为空
        string strCon ="Data Source = localhost; Initial Catalog = School;
        Integrated Security = True;
        User ID = sa;Password = ";
        SqlConnection conn = new SqlConnection(strCon);
        //打开数据库连接
        conn.Open();
        //创建 SqlCommand 对象
        SqlCommand cmd = new SqlCommand(strCon);
        //关联 conn
        cmd.Connection = conn;
        //设置 CommandText 为 SQL 语句
        cmd.CommandText ="select * from student";
        //连接后的操作
        //关闭数据库连接
        conn.Close();
}
```

下面的程序是在 Page_Load 事件中使用 Connection 对象的 CreateCommand 方法创建 SqlCommand 对象,代码如下:

```
using System.Data;
using System.Data.SqlClient;
protected void Page_Load(object sender ,EventArge e)
{
    //连接的数据库名为 StudentDB,用户名为 sa,用户密码为空
        string strCon ="Data Source = localhost; Initial Catalog = StudentDB;
        Integrated Security = True;
        User ID = sa;Password = ";
        SqlConnection conn = new SqlConnection(strCon);
        //打开数据库连接
        conn.Open();
        //创建 SqlCommand 对象
        SqlCommand cmd = conn.CreateCommand();
        //设置 CommandText 为 SQL 语句
        cmd.CommandText ="select * from studentinfo";
        //连接后的操作
```

```
        //关闭数据库连接
        conn.Close();
    }
```

10.3 数据库绑定

DataReader(即数据阅读器)是一个 DBMS 所特有的,常用来检索大量的数据。DataReader 对象是以连接的方式工作,它只允许以只读、顺向的方式查看其中所存储的数据,并在 ExecuteReader 方法执行期间进行实例化。使用 DataReader 对象无论在系统开销还是在性能方面都很有效,它在任何时候只缓存一个记录,并且没有把整个结果集载入内存中的等待时间,从而避免了使用大量内存,大大提高了性能。根据不同的数据源,可以分为4类。

- SqlDataReader:用于对 SQL Server 数据库读取数据行的只进流的方式。
- OdbcDataReader:用于对支持 ODBC 数据库读取数据行的只进流的方式。
- OleDbDataReader:用于对支持 OLEDB 数据库读取数据行的只进流的方式。
- OracleDataReader:用于对 Oracle 数据库读取数据行的只进流的方式。

下面我们往数据库中插入一条数据,并使用 DataReader 来读取查询到数据,并绑定到前端控件上,后台代码如下:

```
using System.Data;
using System.Data.SqlClient;
protected void Page_Load(object sender ,EventArge e)
{
    //连接的数据库名为 StudentDB,用户名为 sa,用户密码为空
        string strCon = "Data Source = localhost; Initial Catalog = StudentDB;
        Integrated Security = True;
        User ID = sa;Password = ";
        SqlConnection conn = new SqlConnection(strCon);
        //打开数据库连接
        conn.Open();
        //创建 SqlCommand 对象
        SqlCommand cmd = new SqlCommand(strCon);
        //关联 conn
        cmd.Connection = conn;
        //设置 CommandText 为 SQL 语句
        cmd.CommandText = "select * from Student";
        //创建 SqlDataReader 对象并读取数据
        SqlDataReader dr = cmd.ExecuteReader();
        While(dr.Read())
        {
```

```
            sno.Value = dr["Sno"];
            sname.Value = dr["Sname"]);
            sage.Value = dr["Sage"]);
            ssex.Value = dr["Ssex"]);


        }
        Dr.Close();
        //关闭数据库连接
        conn.Close();
    }
```

前端页面展示代码如下：

```html
<html xmlns = "http://www.w3.org/1999/xhtml">
<head runat = "server">
<title>DataSet 的使用</title>
</head>
<body>
    <form id = "form1" runat = "server">
    <div style = "text-align: center">
        <table style = "text-align: center">
            <tr align = "center">
                <td>学号</td>
                <td><input id = "sno" type = "text" runat = "server" /></td>
            </tr>
            <tr>
                <td>姓名</td>
                <td><input id = "sname" type = "text" runat = "server" /></td>
            </tr>
            <tr>
                <td>性别</td>
                <td> <input id = "ssex" type = "text" runat = "server" /></td>
            </tr>
            <tr>
                <td>年龄</td>
                <td><input id = "sage" type = "text" runat = "server" />
                            </td>
            </tr>
            <tr>
                <td colspan = "2">
```

```
            <asp:Label ID = "Label1" runat = "server" Text = "操作状态">
              </asp:Label>
              </td>
          </tr>
        </table>
        </div>
      </div>
      </form>
  </body>
  </html>
```

10.4 存储过程调用

存储过程(stored procedure)是一组为了完成特定功能的 SQL 语句集,经编译后存储在数据库中。用户通过指定存储过程的名称并给出相应的参数来执行它。存储过程有允许标准组件式编程,执行速率较快、减少网络流量等优点。下面的代码通过 SqlCommand 调用了存储过程的方法。

10.4.1 返回单一记录集

```
using System.Data;
using System.Data.SqlClient;
protected void Page_Load(object sender ,EventArge e)
{
  //连接的数据库名为 StudentDB,用户名为 sa,用户密码为空
    string strCon = "Data Source = localhost; Initial Catalog = StudentDB;
    Integrated Security = True;
    User ID = sa;Password = ";
    SqlConnection conn = new SqlConnection(strCon);
    //打开数据库连接
    conn.Open();
    //创建 SqlCommand 对象
    SqlCommand cmd = new SqlCommand(strCon);
    //关联 conn
    cmd.Connection = conn;
    cmd.CommandType = CommandType.StoredProced
    //如果执行语句
      cmd.CommandText = "Categoriestest1";
      // 指定执行语句为存储过程
    cmd.CommandType = CommandType.StoredProcedure;
    SqlDataAdapter dp = new SqlDataAdapter(cmd);
```

```
DataSet ds = new DataSet();
      //填充 dataset
    dp.Fill(ds);
     // 以下是显示效果
        GridView1.DataSource = ds;
        GridView1.DataBind();
  //关闭数据库连接
    conn.Close();
}
```

存储过程 Categoriestest1
```
CREATE PROCEDURE Categoriestest1
AS
Select *    from   Categories
GO
```

10.4.2 没有输入输出

```
using System.Data;
using System.Data.SqlClient;
protected void Page_Load(object sender ,EventArge e)
{
//连接的数据库名为 StudentDB,用户名为 sa,用户密码为空
    string strCon = "Data Source = localhost; Initial Catalog = StudentDB;
    Integrated Security = True;
    User ID = sa;Password = ";
    SqlConnection conn = new SqlConnection(strCon);
    //打开数据库连接
    conn.Open();
    //创建 SqlCommand 对象
    SqlCommand cmd = new SqlCommand(strCon);
    //关联 conn
    cmd.Connection = conn;
    cmd.CommandType = CommandType.StoredProced
    //如果执行语句
      cmd.CommandText = "Categoriestest2";
      // 指定执行语句为存储过程
        cmd.CommandType = CommandType.StoredProcedure;
        //执行并显示影响行数
          Label1.Text = cmd.ExecuteNonQuery().ToString();
    //关闭数据库连接
```

```
        conn.Close();
    }


    存储过程 Categoriestest2
        CREATE PROCEDURE Categoriestest2   AS
        insert into dbo.Categories
        (CategoryName,[Description],[Picture])
        values ('test1','test1',null)
        GO
```

10.4.3 有返回值

```
using System.Data;
using System.Data.SqlClient;
protected void Page_Load(object sender ,EventArge e)
{
    //连接的数据库名为 StudentDB,用户名为 sa,用户密码为空
        string strCon = "Data Source = localhost; Initial Catalog = StudentDB;
        Integrated Security = True;
        User ID = sa;Password = ";
        SqlConnection conn = new SqlConnection(strCon);
        //打开数据库连接
        conn.Open();
        //创建 SqlCommand 对象
        SqlCommand cmd = new SqlCommand(strCon);
        //关联 conn
        cmd.Connection = conn;
        cmd.CommandType = CommandType.StoredProced
            //创建参数
                IDataParameter[] parameters = {
                new SqlParameter("rval", SqlDbType.Int,4)
                    };
            // 将参数类型设置为 返回值类型
                parameters[0].Direction = ParameterDirection.ReturnValue;
            //添加参数
            cmd.Parameters.Add(parameters[0]);
            //执行存储过程并返回影响的行数
                Label1.Text = cmd.ExecuteNonQuery().ToString();
                conn.Close();
        //显示影响的行数和返回值
```

```
                Label1.Text + = ″-″ + parameters[0].Value.ToString();
        }
```

存储过程 Categoriestest3:

```
    CREATE PROCEDURE Categoriestest3
    AS
    insert into dbo.Categories
    (CategoryName,[Description],[Picture])
    values (′test1′,′test1′,null)
    return @@rowcount
    GO
```

10.4.4 有输入参数和输出参数

```
    using System.Data;
    using System.Data.SqlClient;
    protected void Page_Load(object sender ,EventArge e)
    {
    //连接的数据库名为 StudentDB,用户名为 sa,用户密码为空
        string strCon =″Data Source = localhost;Initial Catalog = StudentDB;
        Integrated Security = True;
        User ID = sa;Password =″;
        SqlConnection conn = new SqlConnection(strCon);
        //打开数据库连接
        conn.Open();
        //创建 SqlCommand 对象
        SqlCommand cmd = new SqlCommand(strCon);
        //关联 conn
        cmd.Connection = conn;
            cmd.CommandText = ″Categoriestest4″;
                cmd.CommandType = CommandType.StoredProcedure;
                // 创建参数
                IDataParameter[] parameters = {
                        new SqlParameter(″@Id″, SqlDbType.Int,4),
                        new SqlParameter(″@CategoryName″, SqlDbType.NVarChar,15),
                        };
            // 设置参数类型
            parameters[0].Direction = ParameterDirection.Output;  //设置为输出参数
            parameters[1].Value = ″testCategoryName″;
                //添加参数
```

```
        cmd.Parameters.Add(parameters[0]);
        cmd.Parameters.Add(parameters[1]);
        //执行存储过程并返回影响的行数
        Label1.Text = cmd.ExecuteNonQuery().ToString();
        conn.Close();
      // 显示影响的行数和输出参数
        Label1.Text += "-" + parameters[0].Value.ToString();
  }
```

存储过程 Categoriestest4

```
CREATE PROCEDURE Categoriestest4
    @id int output,
   @CategoryName nvarchar(15)
      AS
  insert into dbo.Categories (CategoryName,[Description],[Picture])
   values (@CategoryName,'test1',null)
          set   @id = @@IDENTITY
   Go
```

10.5 数据库应用

下面介绍如何使用 DataSet 和 DataAdapter 向 SQL Server 中自定义的 StudentDB 数据库中的 studentinfo 表中添加一条记录,并利用 GridView 控件将数据显示出来的操作,studentinfo 的表结构如下图所示。

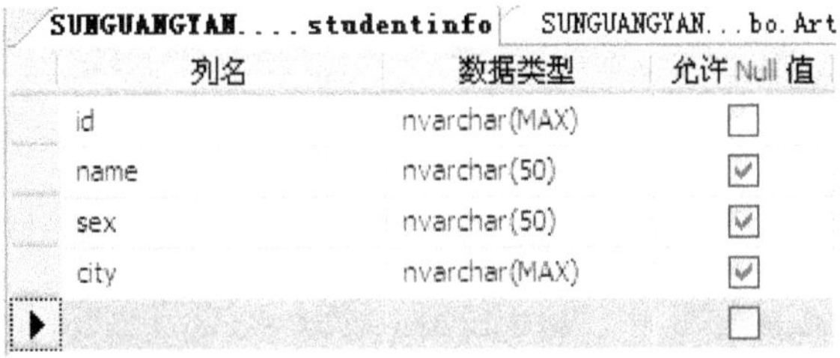

列名	数据类型	允许 Null 值
id	nvarchar(MAX)	☐
name	nvarchar(50)	☑
sex	nvarchar(50)	☑
city	nvarchar(MAX)	☑
▶		☐

图 10.1 studentinfo 的表结构

新建一个网站,在网站中添加一个 Default.aspx 页面,并在页面中添加相应的控件,页面的 html 代码如下图所示。

```
<html xmlns="http://www.w3.org/1999/xhtml">
<head runat="server">
<title>DataSet 的使用</title>
</head>
<body>
    <form id="form1" runat="server">
```

```
<div style = "text-align: center">
    <table style = "text-align: center">
        <tr align = "center">
            <td>学号</td>
            <td><input id = "sid" type = "text" runat = "server" /></td>
        </tr>
        <tr>
            <td>姓名</td>
            <td><input id = "sname" type = "text" runat = "server" /></td>
        </tr>
        <tr>
            <td>性别</td>
            <td> <input id = "sex" type = "text" runat = "server" /></td>
        </tr>
        <tr>
            <td>居住城市</td>
            <td><input id = "city" type = "text" runat = "server" /></td>
        </tr>
        <tr>
            <td colspan = "2">
            <asp:Label ID = "Label1" runat = "server" Text = "操作状态"></asp:
            Label>
            </td>
        </tr>
    </table>
<asp:Button ID = "Button1" runat = "server" Text = "查询" OnClick =
"Button1_Click" />
<asp:Button ID = "Button2" runat = "server" Text = "添加" OnClick =
"Button2_Click" />
<div style = "text-align: center">
<asp:GridViewID = "GridView1"runat = "server" AutoGenerateColumns
= "False">
    <Columns>
        <asp:BoundField DataField = "id" HeaderText = "学号" />
        <asp:BoundField DataField = "name" HeaderText = "姓名" />
        <asp:BoundField DataField = "sex" HeaderText = "性别" />
        <asp:BoundField DataField = "city" HeaderText = "居住城市" />
    </Columns>
```

```
                </asp:GridView>
              </div>
          </div>
        </form>
    </body>
  </html>
```

在 Button2_Click 事件中添加插入记录的代码如下：

```
/// <summary>
///像数据库中添加数据
/// </summary>
/// <param name = "sender"></param>
/// <param name = "e"></param>
protected void Button2_Click(object sender, EventArgs e)
{
    //连接的数据库名为 StudentDB,用户名为 sa,用户密码为 123123
    string strCon = "Data Source = localhost;Initial Catalog = StudentDB;
    Integrated Security = True;User ID = sa;Password = 123123";
    SqlConnection conn = new SqlConnection(strCon);
    //打开数据库连接
    conn.Open();
    //定义 SQL 字符串
    string SqlString = "select * from studentinfo";
    //创建 SqlDataAdapter 对象
    SqlDataAdapter da = new SqlDataAdapter(SqlString, conn);
    //定义数据集对象
    DataSet ds = new DataSet();
    //填充数据集的数据
    da.Fill(ds,"studentinfo");
    //定义数据表对象
    DataTable dt = ds.Tables["studentinfo"];
    //定义一个数据行对象
    DataRow dr = dt.NewRow();
    //定义各个数据行中的值
    dr["id"] = sid.Value.Trim();
    dr["name"] = sname.Value.Trim();
    dr["sex"] = sex.Value.Trim();
    dr["city"] = city.Value.Trim();
    //在内存中的表对象中添加一个新行,但此时新行的内容没有更新到数据源中
```

```
dt.Rows.Add(dr);
//定义数据适配器对象的 InsertCommand 属性的 Insert 语句
da.InsertCommand = new SqlCommand("Insert Into studentinfo(id,name,
sex,city)Values('" + dr["id"] + "','" + dr["name"] + "','" + dr["sex"] + "',
'" + dr["city"] + "')",conn);
//调用数据适配器的 Update 方法,将新插入的数据更新到数据源中
da.Update(ds,"studentinfo");
Label1.Text = "成功插入到数据库中";
//关闭数据库连接
conn.Close();
}
```

保存程序,运行结果如下:

学号	2009021249
姓名	张三
性别	男
居住城市	山东

操作状态

查询 添加

点击添加按钮,运行结果为:

SQLQuery1.s... (sa (56))*	SUNGUANGYAN....studentinfo		SUNGUAN
id	name	sex	city
▶ 2009021249	张三	男	山东
* NULL	NULL	NULL	NULL

查看数据库是否已经添加成功:

SQLQuery1.s... (sa (56))*	SUNGUANGYAN....studentinfo		SUNGUAN
id	name	sex	city
▶ 2009021249	张三	男	山东
* NULL	NULL	NULL	NULL

在 Button1_Click 事件中将数据库中的数据通过 GridView 显示出来的代码如下:

```
/// <summary>
///查询操作
/// </summary>
/// <param name = "sender"></param>
/// <param name = "e"></param>
protected void Button1_Click(object sender, EventArgs e)
{
    //连接的数据库名为 StudentDB,用户名为 sa,用户密码为 123123
        string strCon = "Data Source = localhost;Initial Catalog =
        StudentDB;Integrated Security = True;User ID = sa;Password
```

```
         = 123123";
    SqlConnection conn = new SqlConnection(strCon);
    //打开数据库连接
    conn.Open();
    //定义 SQL 字符串
    string SqlString = "select * from studentinfo";
    //创建 SqlDataAdapter 对象
    SqlDataAdapter da = new SqlDataAdapter(SqlString, conn);
    //定义数据集对象
    DataSet ds = new DataSet();
    //填充数据集的数据
    da.Fill(ds, "studentinfo");
    //GridView 数据绑定
    GridView1.DataSource = ds;
    GridView1.DataBind();
}
```